Die neue

DIN 5008

verständlich erklärt und kommentiert

von

Karl Wilhelm Henke

Inhaltsverzeichnis

72922

A. SCHREIBREGELN IN TEXTEN

Abkürzungen

1. Abkürzungen mit Punkt

- Abkürzungen, die Sie im vollen Wortlaut aussprechen, erhalten einen Punkt. Um zu verhindern, dass zwei aufeinanderfolgende Abkürzungen in der Randzone getrennt werden, geben Sie durch *Strg + Umschalter + Leertaste* ein geschütztes Leerzeichen ein.

Auf dem Rechnungsvordruck müssen Sie z. B. die Tel.-Nr. einsetzen. Natürlich ist es auch erforderlich, die Rechnungs-Nr. aufzuführen. Ist vor der Artikelbezeichnung auch noch die lfd. Nr. einzusetzen? Zur Sanierung dieser Schulgebäude stellt das Land 3 Mio. € bereit. Auch Reg.-Dir. a. D. Walter Steiner wurde zu der Feier eingeladen.

2. Abkürzungen ohne Punkt

- Buchstäblich gesprochene Abkürzungen oder Abkürzungen, die wie selbstständige Wörter gesprochen werden, schreiben Sie ohne Punkt.

CDU und SPD wollen schon im April eine Regierungskoalition bilden. Der DGB setzt sich für den Erhalt der Arbeitsplätze besonders ein. Auf der UN-Vollversammlung in New York spricht der Bundesminister. Das Fußballspiel Hamburger SV – VfB Stuttgart ist erst am Sonntag. Zu der heiklen Situation kam es, als ein Lkw diesen Pkw überholte.

- Bei national oder international festgelegten Abkürzungen für Maßeinheiten in Naturwissenschaft und Technik, für Himmelsrichtungen und Währungseinheiten setzen Sie im Allgemeinen keinen Punkt. Am Satzende schreiben Sie den Schlusspunkt aber mit.

Für das Gerät muss die Käuferin nur den Betrag von 120 EUR zahlen. Erreicht das Sportfahrzeug doch eine Geschwindigkeit von 223 km/h? Mehrere Haushalte verbrauchen im Jahr weniger als 8 353 kWh Strom. Das Passagierschiff nahm jetzt Kurs in Richtung NNO nach Schweden. Das Navigationsgerät berechnete die Strecke nach Bremen mit 93 km.

Akzente

- Sie schreiben zuerst das Akzentzeichen und danach den darunterstehenden Buchstaben.

Mit ihrem neuen Coupé fährt sie heute Nachmittag vor dem Café vor. Während des Urlaubs an der Rhône übernachten Sie bei Frau Molière.

Anführungszeichen

■ Textteile können Sie durch Anführungszeichen hervorheben.

■ Der Punkt folgt als Satzschlusszeichen hinter dem Anführungszeichen. Steht der Satz in der wörtlichen Rede, folgt das Anführungszeichen nach dem Schlusssatz.

■ Bei den Anführungszeichen müssen Sie zwischen geraden und typografischen Anführungszeichen unterscheiden. Die geraden Anführungszeichen stehen immer oben.

Das Programm "Megaplus 2010" ist bei den Kunden besonders beliebt. Die Auszubildende bestand die Prüfung mit der Note „befriedigend“. Der Nobelpreisträger Günter Grass schrieb auch „Die Blechtrommel“. „Gibt es keine Möglichkeit, dieses Problem zu lösen?“, fragte sie. Mit den Worten „Jetzt reicht es mir!“ verließ sie das Amtsgericht.

Apostroph

■ Den Apostroph (Auslassungszeichen) schreiben Sie, wenn Sie Buchstaben auslassen.

Sie kann's nicht lassen. Er sollte kommen, aber 's ist schon spät.

Auslassungspunkte

■ Für ausgelassene Textteile setzen Sie drei Punkte. Davor und danach lassen Sie ein Leerzeichen. Am Satzende ist der Satzschlusspunkt mit eingeschlossen.

Informieren Sie uns über Ihre Liefer- und Zahlungsbedingungen ... Dieser Vertrag lautet: „Überweisen Sie 9.000 € nach Baubeginn ...“

Bankleitzahlen

1. National

■ Bankleitzahlen bestehen aus drei Zahlengruppen: rechts zweistellig, in der Mitte und links dreistellig. Die Zahlengruppe gliedern Sie durch Leerzeichen.

Auf dem Überweisungsträger fehlte die BLZ 440 100 46 auch diesmal. Setzen Sie doch bitte vor die Kontonummer auch die BLZ 210 520 89.

2. International (IBAN)

■ Internationale Bankleitzahlen (IBAN) gliedern Sie von links nach rechts durch fünf Vierergruppen und eine Zweiergruppe. Davor steht IBAN (International Bank Account Number).

- Die internationale Bankleitzahl setzt sich aus dem Ländercode, einer Prüfziffer, der Bankleitzahl und einer 10-stelligen Kontonummer zusammen.

```
Ist Ihre Bankleitzahl IBAN DE45 4145 0075 0523 1830 00 so korrekt?
Ist die neue BLZ IBAN DE32 2151 0034 0569 3730 00 doch fehlerhaft?
```

Bindestrich

- Der Bindestrich verbindet oder gliedert Wörter. Der Bindestrich kann in unübersichtlichen Wortzusammensetzungen verwendet werden.

- Verwenden Sie den Bindestrich, geben Sie vor und nach dem Mittestrich keine Leerzeichen ein.

```
Für diese Aktion muss jetzt noch die Soll-Stärke ermittelt werden.
Diese Berechnung gilt nur für den medizinisch-technischen Bereich.
Bei den Beratungen sollte auch das Sowohl-als-auch bedacht werden.
Dieser neue Computer ist mit einer 800-GB-Festplatte ausgestattet.
Der 17-jährige Schüler will schon bald seinen Führerschein machen.
```

„bis"

- Als Zeichen für „bis" verwenden Sie den Halbgeviertstrich oder den Mittestrich. Davor und danach lassen Sie ein Leerzeichen. Das Zeichen für „bis" verwenden Sie ohne weitere Textzusätze. Auch in Hausnummern wird das Zeichen für „bis" verwendet.

```
Auf diesem Vordruck ist die Bürozeit angegeben: 10:00 - 16:00 Uhr.
Die Mitgliederversammlung ist in der Zeit von 09:00 bis 14:00 Uhr.
Die Geschäftsräume befinden sich in der Hamburger Straße 98 - 102.
Der Kaufmann eröffnet in der Münchener Straße 9 - 11 ein Geschäft.
Das Geschäft in der Ludwig-Erhard-Straße 15 - 17 wird geschlossen.
```

Bruchstrich

- Den Bruchstrich stellen Sie als Schrägstrich oder waagerechten Strich dar. In Berechnungen verwenden Sie den waagerechten Strich, während Sie in Texten den Schrägstrich verwenden.

```
Der Kunde wünschte diesmal 1/2 kg Käseaufschnitt und 1/4 kg Wurst.
Die Kundin wünscht heute ½ kg Käseaufschnitt und ¼ kg Rindfleisch.
```

Dezimalzahlen

- Dezimalzahlen gliedern Sie mit dem Komma. Bei runden oder ungefähren Werten dürfen die dezimalen Teilungen entfallen.

Beim Nachmessen ergab sich doch noch eine Differenz von 123,732 m. Schon nach einigen Monaten hatte der Fahrer 8 000 km zurückgelegt.

Ergänzungsstrich

- Verwenden Sie den Mittestrich als Ergänzungsstrich, geben Sie nach dem Mittestrich ein Leerzeichen ein. Den Mittestrich benutzen Sie, um deutlich zu machen, dass ein Bestandteil einer Wortzusammensetzung weggelassen wurde.

In dem Text fehlen Angaben zu den Liefer- und Zahlungsbedingungen. Für diesen Artikel müssen die Käufer nun das 2- bis 3fache zahlen. Hierbei müssen Sie die Privat- und öffentlichen Ausgaben beachten.

- Steht der Mittestrich am Wortanfang, wird der folgende Wortteil ohne Leerzeichen angeschlossen.

Die Mitarbeiter haben den Postein- und -ausgang täglich zu prüfen. Darüber berieten die Rechtschreibreform-Befürworter und -Kritiker.

Gedankenstrich

- Der Gedankenstrich ist der Halbgeviertstrich. Vor und nach dem Gedankenstrich lassen Sie je ein Leerzeichen. Sie verwenden den Gedankenstrich, wenn Sie in der gesprochenen Sprache eine deutliche Pause machen. Oft können in solchen Fällen auch andere Satzzeichen eingesetzt werden.

Der Schuldner wurde mehrfach erinnert - aber er zahlte noch nicht. Diese Mahnung - es war nicht die erste - blieb auch unbeantwortet. Für das Foto - es ist sicher das schönste - bekam sie einen Preis. Diese Frage - das ist ganz wichtig - müssen Sie gründlich beraten. Sie sagte uns - das war schon vorher klar -, dass sie nicht komme.

„gegen"

- Verwenden Sie den Halbgeviertstrich als Zeichen für „gegen", lassen Sie vor und nach dem Strich ein Leerzeichen.

Am 9. Juni d. J. war das Eröffnungsspiel Deutschland - Costa Rica. Das WM-Spiel Deutschland - Polen war am 14. Juni 2006 in Dortmund. In Hamburg war am 15. Juni 2006 das WM-Spiel Ecuador - Costa Rica.

- Das Zeichen für ./. verwenden Sie nur in Rechtsstreitigkeiten.

In dem Rechtstreit Meyer ./. Blanke ist noch kein Urteil ergangen.

72926

Gradzeichen

■ Vorzeichen, z. B. das Gradzeichen, fügen Sie ohne Leerzeichen an die vorhergehende Zahl an.

Der Bauherr wünschte für dieses Dach einen Neigungswinkel von 48°.
Bedenken Sie dabei, dass es sich um einen Winkel von 110° handelt.

■ In Temperaturangaben fügen Sie nach der Zahl ein Leerzeichen ein. Zwischen dem Gradzeichen und der Einheit Celsius lassen Sie aber das Leerzeichen weg. Vorzeichen von Zahlen, z. B. Plus oder Minus, schreiben Sie ohne Leerzeichen.

Im Winter betrugen die Außentemperaturen oft schon mehr als 13 °C.
Häufig sind die Außentemperaturen im Winter unter -20 °C gesunken.

Größenangaben und Formeln

■ Die Schreibung von Maßeinheiten, mathematischen Zeichen, Formeln usw. richtet sich in erster Linie nach den Normen DIN 1301, 1302 und 1338.

■ Einheiten u. Ä. schreiben Sie mit einem Leerzeichen hinter dem Zahlenwert.

Für das Mittagessen kauft die Köchin nur 3 kg Schweinefleisch ein.
Die Entfernung zum Nachbargrundstück soll sogar 115,25 m betragen.
Dieser Pkw soll eine Höchstgeschwindigkeit von 235 km/h erreichen.
Die Wohnfläche der neuen Wohnung soll nur ungefähr 60 m² betragen.
Für die Fundamente des Neubaus benötigen Sie mehr als 50 m³ Beton.

„Größer als" und „kleiner als"

■ Vor und nach den Zeichen für „größer als" und „kleiner als" geben Sie ein Leerzeichen ein.

Die Empfänger mit der Postleitzahl > 23450 sollen Sie anschreiben.

Halbe Anführungszeichen

■ Innerhalb einer Anführung verwenden Sie den Apostroph als halbes Anführungszeichen.

Der Käufer fragte: „Können Sie mir das Modell ‚Venedig' anbieten?"

Hausnummern

■ In zusammengesetzten Hausnummern dürfen Sie das Zeichen für „bis" oder den Schrägstrich verwenden. Vor und nach dem Zeichen für „bis" lassen Sie ein Leerzeichen. Beim Schrägstrich entfallen die Leerzeichen.

Die Verwaltung ist nun in die Friedrichstraße 113 - 115 umgezogen. Vorher waren die Büroräume in der Württembergischen Straße 98/101.

- Für Gebäudeangaben dürfen Sie Klein- oder Großbuchstaben verwenden.

Zuvor wollte er noch das Eigenheim in der Frankfurter Straße 15 a. Der Interessent möchte das Haus in der Neckarstraße 17 B erwerben.

- Zwischen der Hausnummer und einer Stockwerk- oder Wohnungsangabe setzen Sie zwei Schrägstriche. Davor und dahinter bleibt je ein Leerzeichen. Für Stockwerkangaben verwendeten Sie bisher römische Zahlen. Jetzt schreiben Sie die Stockwerkangabe aus (z. B. 1. Stock).

Die Vorsitzende erreichen Sie in der Adenauerallee 35 // 3. Stock. Die Schuldnerin ist in die Frankfurter Straße 6 // W 15 umgezogen.

Kalenderdaten

1. Numerische Kalenderdaten

- Das numerische Kalenderdatum gliedern Sie in der Reihenfolge Jahr, Monat, Tag (absteigend). Die Angaben trennen Sie durch je einen Mittestrich. Monat und Tag schreiben Sie zweistellig, die Jahreszahl aber vierstellig. Zwischen den Angaben entfallen die Leerzeichen.

In unserem Angebot schreiben Sie das Kalenderdatum so: 20..-03-24. In der Auftragsbestätigung ist das Datum so angegeben: 20..-03-04. Welches Kalenderdatum ist nun korrekt: 20..-02-23 oder 20..-02-26?

- Eine Schreibung des Datums in der Reihenfolge Tag, Monat und Jahr ist ebenfalls möglich (aufsteigend), wenn keine Missverständnisse entstehen. Monat und Tag schreiben Sie ebenfalls zweistellig, die Jahreszahl aber vierstellig. Die Bestandteile des Datums trennen Sie dann durch Punkt. Diese Form ist in Texten besser lesbar. Innerhalb eines Briefes oder Textes sollten Sie aber nur eine Form der Datumschreibung anwenden.

Unsere Mitarbeiterin, Frau Schön, wird Sie am 20.03.20.. besuchen. Eine Besprechung der Außendienstmitarbeiter ist doch am 05.04.20..

2. Alphanumerische Kalenderdaten

- In Texten sollten Sie für die Schreibung des Datums die alphanumerische Form bevorzugen. Sie schreiben es in der Reihenfolge Tag, Monat, Jahr. Für die Tagangabe verwenden Sie eine Ordnungszahl. Das bedeutet, dass Sie bei einstelliger Tagangabe keine Null davorsetzen. In Fließtexten sollten Sie den Monatsnamen ausschreiben. Die Jahreszahl schreiben Sie vierstellig.

Am 9. Dezember 20.. erhielten wir die Sendung durch den Spediteur. Zum 1. August 20.. soll noch eine Bürokauffrau eingestellt werden.

Klammern

1. Runde Klammern

- In Aufzählungen setzen Sie nach einem Kleinbuchstaben eine Nachklammer.

Kreuzen Sie auf diesem Vordruck auch noch die Punkte b) und e) an.

- Zwischen den Klammern und den Textteilen entfallen die Leerzeichen.

Die Mitarbeiterin wird die Zweigstelle in Hamm (Westfalen) leiten.

- Wird nur ein Teil des Wortes in Klammern gesetzt, entfallen die Leerzeichen.
- Häufig werden Buchstaben oder Wortteile in Klammern gesetzt, um Verkürzungen, Zusammenfassungen oder Alternativen zu kennzeichnen.

Dieses neue Rundschreiben richtet sich an alle Mitarbeiter(innen).
Der Schulleiter informiert alle Lehrer(innen) in dieser Konferenz.
Die neuen Liefer(ungs)- und Zahlungsbedingungen kennen Sie sicher.

2. Eckige Klammern

- Lassen Sie Buchstaben, Wortteile oder Wörter, beispielsweise auf Formularen u. Ä., weg, verwenden Sie eckige Klammern.
- Erläuterungen zu einem bereits eingeklammerten Zusatz setzen Sie ebenfalls in eckige Klammern.

Das Fernsehen berichtete über die Plenarsitzung des Bundestag[e]s.
Das RAM (random access memory [Arbeitsspeicher]) wird nun ersetzt.
Die Fahrt nach Italien (Riva [Gardasee]) war für alle interessant.

Mittestrich

- „Mittestrich" ist der Oberbegriff für die Anwendung als Bindestrich, Ergänzungsstrich, Gedankenstrich, Zeichen für „gegen", Zeichen für „bis" und Streckenangaben. Er heißt Mittestrich, weil er in der Mitte kleiner Buchstaben (ohne Ober- und Unterlängen) wie „e", „a", „s" usw. steht. Weitere Ausführungen finden Sie zu den jeweiligen Anwendungsarten.

Nummernzeichen

- Das Zeichen für Nummer(n) verwenden Sie nur, wenn nach dem Zeichen eine Zahl folgt. Vor und nach dem Zeichen geben Sie ein Leerzeichen ein. Bei einem Zeilenumbruch sollten Sie verhindern, dass das Zeichen und die Zahl getrennt werden. Darum geben Sie ein geschütztes Leerzeichen ein.

Unser Händler bedauerte, dass der Artikel # 25 nicht vorrätig ist. Auch die Artikel # 128 und 129 können noch nicht geliefert werden.

Paragraf

- Das Zeichen § dürfen Sie nur in Verbindung mit darauffolgenden Zahlen verwenden. In der Mehrzahl schreiben Sie das Zeichen für Paragraf zweimal. Das Zeichen dürfen Sie bei einem Zeilenumbruch nicht von der Zahl trennen. Hier geben Sie ein geschütztes Leerzeichen ein.

Nach § 15 der Vereinssatzung ist nun ein neuer Vorstand zu wählen. Gesetzliche Grundlagen dafür finden Sie in den §§ 433 und 434 BGB. Für diesen Kaufvertrag sind die Paragrafen aus dem BGB anzuführen.

Postfachnummern

- Postfachnummern gliedern Sie von rechts nach links durch ein Leerzeichen in zweistellige Gruppen.

Das neue Unternehmen Computerhandel GmbH hat das Postfach 3 11 33. Bitte geben Sie künftig in der Anschrift das Postfach 45 51 82 an. Wir haben eine neue Postfachnummer. Sie lautet: Postfach 64 58 49.

Promille

- Das Zeichen für „Promille" dürfen Sie mit dem Kleinbuchstaben „o" und dem Schrägstrich schreiben. Sie dürfen aber auch das Zeichen aus dem Zeichenvorrat des Textverarbeitungsprogramms verwenden.

Bei der Blutprobe wurden heute nur 0,2 o/oo Alkohol festgestellt. Bei der Blutprobe wurden Dienstag nur 0,2 ‰ Alkohol festgestellt.

Prozent

- Vor und nach dem Prozentzeichen lassen Sie ein Leerzeichen. In Excel-Programmen ist allerdings nur eine Eingabe ohne Leerzeichen möglich. Bei einem Zeilenumbruch darf die Zahl von der dazugehörigen Einheit nicht getrennt werden. Zu diesem Zweck geben Sie ein geschütztes Leerzeichen ein.

Der Energiekonzern erhöhte die Gaspreise ab April um weitere 10 %. Die Gesellschafter sind sich einig, die Einlage um 5 % zu erhöhen. Zahlen Sie sofort, können Sie 2,5 % Skonto von der Summe abziehen.

- In Beispielen wie „12%igen" entfallen die Leerzeichen. Das Zeichen wird nur in Verbindung mit Zahlen verwendet.

729210

Beziehen Sie 15 Computer, gewähren wir einen 12%igen Mengenrabatt.
Beachten Sie, dass dieser Prozentsatz schon ab 1. Juni d. J. gilt.

Rechenzeichen

■ Als Rechenzeichen verwenden Sie in erster Linie Additionszeichen, Subtraktionszeichen, Multiplikationszeichen, Divisionszeichen, Gleichheitszeichen. Vor und nach einem Rechenzeichen lassen Sie ein Leerzeichen.

■ Als Multiplikationszeichen dient das kleine x oder der Punkt, der hochgestellt wird oder auf der Grundlinie steht.

■ Als Divisionszeichen setzen Sie den Doppelpunkt ein.

Aufgaben: 453 + 75 = 528; 139 – 57 = 82; 14 . 5 = 70; 25 : 2 = 12,5.

Satzzeichen

■ Punkt, Komma, Semikolon, Doppelpunkt, Fragezeichen und Ausrufezeichen schließen Sie an das vorhergehende Wort ohne Leerzeichen an.

Der Politiker wirkte an dem Tag gelassen, konzentriert, dynamisch.
Diese Besprechung ist am Freitag; dazu werden Sie noch eingeladen.
In dem Elektronikmarkt bekommen Sie: Digitalkameras und Objektive.
Startet diese Athletin schon im ersten, zweiten oder dritten Lauf?
Informieren Sie uns so bald wie möglich, wie Sie sich entscheiden!

Schrägstrich

■ Vor und nach dem Schrägstrich entfallen die Leerzeichen.

Die Produktion wird in den Monaten Juli/August wieder aufgenommen.
In den Jahren 2008/2009 konnten wir den Absatz wesentlich erhöhen.
Das neue Modell erreicht eine Spitzengeschwindigkeit von 250 km/h.
Im Grundbuch ist das Wohnungseigentum mit 3/16 Anteil eingetragen.

Streckenangaben

■ In Streckenangaben lassen Sie vor und nach dem Gedankenstrich ein Leerzeichen.

Der Lkw befuhr am Freitag die Autobahn Bremen – Hannover – Kassel.
Der ICE München – Würzburg – Kassel hatte eine größere Verspätung.

Telefonnummern und Telefaxnummern

■ Die Funktionsbereiche einer Telefonnummer oder Telefaxnummer (Anbieter, Landesvorwahl, Ortsnetzkennzahl und Einzelanschluss) trennen Sie durch je ein Leerzeichen. Vor die Durchwahlnummer setzen Sie einen Mittestrich.

■ Korrespondieren Sie mit Empfängern im Ausland, setzen Sie vor die Ortsnetzkennzahl die Landesvorwahl 49. Vor die länderbezogene Zusatznummer setzen Sie das Pluszeichen (Beispiel: +49). Das Pluszeichen steht für die „0" oder „00".

Möchten Sie mit Dr. Steinhagen sprechen, wählen Sie 02921 2345328.
Wählen Sie doch ab Februar d. J. unsere neue Rufnummer 040 3243-0.
Unsere Mitarbeiterin erreichen Sie nun direkt unter 0231 8787-281.
Übermitteln Sie die Kopie direkt unter 06151 2525-120 an Frau Alt.
Unter 0800 123123 beantwortet unser Service alle Ihre Fragen gern.
In Briefen nach Irland führen Sie die Nummer +49 6151 3453-12 auf.

Uhrzeiten

■ Stunden-, Minuten- und Sekundenangaben schreiben Sie jeweils zweistellig. Ist nur eine Ziffer vorhanden, setzen Sie eine Null davor. Zur Gliederung verwenden Sie den Doppelpunkt.

Diese Konferenz findet am Freitag um 20:30 Uhr in Stuttgart statt.
Die Boeing aus New York traf bereits um 06:45 Uhr in Hannover ein.
Der ICE Otto Hahn läuft um 07:09 Uhr in Nürnberg auf Gleis 15 ein.
Die Siegerin des Triathlons auf Hawaii siegte in 10:13:08 Stunden.
Sie feierten ausgiebig, denn um 00:00:01 Uhr begann das neue Jahr.

„und" (Et-Zeichen)

■ Das Zeichen & verwenden Sie nur in Firmenbezeichnungen. Davor und danach lassen Sie ein Leeerzeichen. Das Zeichen sollte bei einem Zeilenumbruch nicht von den Namen getrennt werden. Sie geben an dieser Stelle ein geschütztes Leerzeichen ein.

Das Unternehmen Kleinschmidt & Krüger KG gibt eine Bestellung auf.
Die Gesellschafter der Becker & Co. OHG haben ihre Einlage erhöht.

Verhältniszeichen

■ Als Verhältniszeichen verwenden Sie den Doppelpunkt. Davor und danach lassen Sie ein Leerzeichen.

729212

Haben Ihre neuen Landkarten künftig einen Maßstab von 1 : 100 000?
Das Bundesligaspiel Borussia Dortmund – Hamburger SV endete 3 : 2.

Währungsbeträge

■ Währungsbeträge sollten Sie aus Sicherheitsgründen nach jeder dritten Stelle von rechts nach links durch einen Punkt gliedern.

■ In vollen Währungsbeträgen stehen hinter dem Komma zwei Nullen. Für „Euro" verwenden Sie die Abkürzung EUR oder das €-Zeichen.

■ Bei runden Zahlen oder ungefähren Werten brauchen Sie die Dezimalstellen nicht aufzuführen.

■ In größeren runden Beträgen dürfen Sie anstelle der Nullen auch Abkürzungen, z. B. Mio., Mrd. usw., verwenden.

Dieser Supermarkt bietet ein Full-HD-Fernsehgerät für 498,00 € an.
Der Makler bietet eine Wohnung im Stadtzentrum für 92.453,20 € an.
Diese Abteilung steigerte ihren Umsatz im März auf 243.453,70 EUR.
Der Stadionumbau in Karlsruhe wird nun mit 58 Mio. € veranschlagt.
Der Stadtrat rechnet mit voraussichtlichen Kosten von 11,4 Mio. €.

Worttrennung (Silbentrennung)

■ Für die Worttrennung am Zeilenende verwenden Sie den Mittestrich, der in der Regel automatisch eingefügt wird.

Der Kunde wünscht Informationen über unsere neuen Liefer- und Zahlungsbedingungen. Senden Sie ihm diese noch in nächsten Tagen zu.

Zahlen

■ Zahlen mit mehr als drei Stellen sollten Sie durch je ein Leerzeichen von rechts nach links in dreistellige Gruppen gliedern.

Das Spiel Borussia Dortmund - Hamburger SV sahen 81 453 Zuschauer.
Nach unserer Statistik leben jetzt 156 345 Einwohner in der Stadt.
Wussten Sie, dass Ende 2008 in Hamburg 1 773 218 Einwohner lebten?
Ist Ihnen bekannt, dass in Berlin sogar 3 405 342 Einwohner leben?

Übersicht über Zahlengliederungen

Zahlengruppe	Beispiele	Erläuterung

Einfache Zahlen	`1 532 Artikel`
	`73 500 Zuschauer`
	`150 000 Stück`
	`2 345 495 Einwohner`
	
	`5.523,50 €`
	`22.495.685,50 $`
	`312.755.125 EUR`
		Einfache Zahlen werden von rechts nach links durch Leerzeichen in dreistellige Gruppen gegliedert.
		
		Aus Sicherheitsgründen sind Währungsbeträge von rechts nach links nach jeder 3. Stelle durch einen Punkt zu gliedern.

Bankleitzahlen	`BLZ 440 150 75`
	`BLZ 250 100 30`
	`BLZ 700 120 50`
	
	`IBAN DE34 4405 0075 0150 2357 00`
	`IBAN DE45 2801 0111 0120 4219 00`
		Bankleitzahlen werden durch je ein Leerzeichen in drei Zahlengruppen gegliedert. Die beiden Zahlengruppen links sind dreistellig, die Zahlengruppe rechts zweistellig.
		
		Internationale Bankleitzahlen (IBAN) sind von links nach rechts durch je ein Leerzeichen in fünf Vierergruppen und eine Zweiergruppe zu gliedern. Davor steht IBAN.

Postfachnummern	`Postfach 45 28`
	`Postfach 1 30 65`
	`Postfach 25 89 52`
		Postfachnummern sind von rechts nach links durch je ein Leerzeichen in zweistellige Gruppen zu gliedern.

Telefonnummern und Telefaxnummern		Die Funktionsbereiche einer Telefonnummer oder Telefaxnummer (Anbieter, Landesvorwahl, Ortsnetzkennzahl und Einzelanschluss) werden durch je ein Leerzeichen getrennt. Vor der Durchwahlnummer steht ein Bindestrich.

	`06151 5955`
	`07938 592-0`
	`07938 592-123`
		Einzelanschluss
		Durchwahlanlage
		Durchwahlanschluss

	`0180 2 49324`
	`0180 3 23493`
	`0180 notfon d`
		Wird in Sondernummern nach der Nummer eine Ziffer zur Gebührenzählung angegeben, bleibt davor und dahinter ein Leerzeichen.

	`+49 2921 345-0`	In internationalen Telefonnummern sollte vor der Landesvorwahl ein Pluszeichen stehen.

729214

B. GESTALTUNG VON TEXTEN

Abbildungen

Definition

■ Eine Abbildung ist Grafik, die als Blickfang, der Illustration oder Verdeutlichung von Texten dient. Grafiken sind eigenständige Dateien unterschiedlicher Formate.

Positionierung

■ Abbildungen setzen Sie mit einem Mindestabstand von 2 mm zu den angrenzenden Elementen ab. Integrieren Sie eine Abbildung in einen Text, müssen Sie darauf achten, dass sich der Zeilenabstand nicht vergrößert.

Beispiel für den Mindestabstand zwischen den Elementen

Rügen ist die größte deutsche Insel. Die Küste ist durch zahlreiche Meeresbuchten (Bodden oder Wieken) sowie Halbinseln und Landzungen äußerst stark zergliedert. Die Insel Rügen bildet mit der Insel Hiddensee und einigen kleineren Inseln den Landkreis Rügen mit der Kreisstadt Bergen auf Rügen. Weitere Städte sind Sassnitz, Putbus und Garz/Rügen. Hinzu kommen die Ostseebäder Binz, Sellin, Göhren, Baabe und Thiessow.

mindestens 2 mm Abstand | *zwischen den Elementen*

Auswahl

■ Sie sollten Abbildungen wählen, die einen Bezug zum Text herstellen. Sie sollten proportionsgerecht vergrößert oder verkleinert werden. Starke Verkleinerungen oder Verzerrungen sollten Sie vermeiden.

Bildunterschrift

■ Eine Bildunterschrift soll einen Bezug zwischen Abbildung und Text herstellen. Zum besseren Erkennen wird sie hervorgehoben. Für die Bildunterschrift wählen Sie eine kleinere Schrift und heben sie kursiv und zentriert hervor.

■ Die Bildunterschrift beschreibt, was auf dem Bild zu sehen ist. Aktualität oder Sinn dürfen durch eine Beschreibung nicht verfremdet werden. Sind Personen auf einem Bild zu sehen, werden sie von links nach rechts benannt.

■ Die Quelle von Bildern ist direkt an der Abbildung oder bei längeren Texten nummeriert in einem Abbildungsverzeichnis anzugeben.

Beispiel für eine Bildunterschrift

Rügen ist die größte deutsche Insel. Sie liegt vor der pommerschen Ostseeküste und gehört zu Mecklenburg-Vorpommern. Die Insel ist durch die Rügenbrücke über den 2 km breiten Strelasund mit dem Festland verbunden. Sie hat eine maximale Länge von 52 km (von Süd nach Nord), eine maximale Breite von 41 km im Süden und eine Fläche von 926 km².

Die Küste ist durch zahlreiche Meeresbuchten (Bodden oder Wieken) sowie Halbinseln und Landzungen äußerst stark zergliedert. Die Insel Rügen bildet mit der Insel Hiddensee und einigen kleineren Inseln den Landkreis Rügen mit der Kreisstadt Bergen auf Rügen. Weitere Städte sind Sassnitz, Putbus und Garz/Rügen. Hinzu kommen die Ostseebäder Binz, Sellin, Göhren, Baabe und Thiessow.

Kurhaus Binz

Abschnitte

1. Inhaltsverzeichnisse und Übersichten

■ In wissenschaftlichen Arbeiten ist es üblich, Abschnitte durch Nummern zu bezeichnen. Diese Nummern stehen vor den Textstellen in Inhaltsverzeichnissen und Überschriften.

■ Alle Abschnittsnummern beginnen an derselben Fluchtlinie.

■ Die Abschnittsüberschriften – auch mehrzeilige – beginnen an einer weiteren Fluchtlinie. Nach den Abschnittsnummern bis zu den folgenden Textteilen bleiben mindestens zwei Leerzeichen.

■ Nach Abschnittsnummern folgt kein Punkt. Das gilt auch für einstufige Abschnittsnummern.

Beispiel für die numerische Abschnittskennzeichnung

729216

2. Abschnittsüberschriften

- Abschnittsüberschriften werden durch je eine Leerzeile vom vorausgehenden und folgenden Text getrennt. Der Abschnittsnummer folgen mindestens zwei Leerzeichen. Die Textteile sollten in einer Fluchtlinie untereinander stehen. In mehrzeiligen Abschnittsüberschriften beginnen Sie die folgende Zeile an der neuen Fluchtlinie. Erstreckt sich ein Abschnitt über eine oder mehrere Seiten, lassen Sie nach der Abschnittsnummer mindestens zwei Leerzeichen bis zu den folgenden Textteilen.

Beispiel für Abschnittsüberschriften

1   Die Einzelunternehmung

Einzelunternehmen sind Gewerbebetriebe, die von einer Person betrieben werden. Der Unternehmer hat die alleinige und uneingeschränkte Verfügungsgewalt über alle Entscheidungen des Unternehmens. Er trägt das Risiko.

2   Die Personengesellschaft

Personengesellschaften sind Gesellschaftsformen, bei denen zwei oder mehrere Personen eine OHG oder KG gründen. Sie zählen nicht zu den juristischen Personen.

2.1   Die offene Handelsgesellschaft

Bei einer offenen Handelsgesellschaft betreiben mindestens zwei Gesellschafter unter einer gemeinsamen Firma ein Handelsgeschäft. Sie haften mit ihrem gesamten Vermögen.

2.1.1   Die Gründung

Mindestens zwei Gesellschafter gründen eine OHG. Eine Mindesteinlage ist gesetzlich nicht festgelegt.

Absätze

- Texte gliedern Sie in Absätze. Zwischen den Absätzen lassen Sie jeweils eine Leerzeile. Der Beginn einer neuen Zeile nach einem Satz gilt nicht als Absatz.

Aufzählungen

- Aufzählungen trennen Sie vom übrigen Text durch je eine Leerzeile. Als Aufzählungsglieder können Sie Ordnungszahlen, Kleinbuchstaben mit einer Nachklammer, Mittestriche oder Aufzählungszeichen verwenden. Nach dem Gliederungszeichen folgt mindestens ein Leerzeichen. Aufzählungen dürfen Sie auch einrücken. Mit der Einrückung beginnen Sie 25 mm vom linken Rand.

1. Ordnungszahlen

- Ordnungszahlen bestehen aus einer Zahl und einem Punkt. Danach folgt ein Leerzeichen.

Beispiel für eine Aufzählung mit Ordnungszahlen

```
Zum Speichern von Daten können Sie diese externen Speicher verwenden:

          1. Festplatte
          2. Externe Festplatte
          3. USB-Stick
          4. CD oder DVD
          5. Diskette

Von allen Datenträgern hat die Festplatte die größte Speicherkapazität.
```

2. Kleinbuchstaben

■ Sie dürfen auch Kleinbuchstaben mit einer Nachklammer für eine Aufzählung verwenden. Danach geben Sie ein Leerzeichen ein.

Beispiel für eine Aufzählung mit Kleinbuchstaben

```
Um Daten auszudrucken, können Sie diese Druckertypen verwenden:

          a) Laserdrucker
          b) Tintenstrahldrucker
          c) Thermodrucker
          d) Nadeldrucker

In der Praxis haben sich Laser- und Tintenstrahldrucker durchgesetzt.
```

3. Mittestriche und Aufzählungszeichen

■ Als Gliederungszeichen dürfen Sie auch den Mittestrich oder Aufzählungszeichen verwenden. Danach lassen Sie mindestens ein Leerzeichen. Bei mehrzeiligen Aufzählungen stehen die Textteile in einer Fluchtlinie untereinander.

729218

Beispiel für eine Aufzählung mit Aufzählungszeichen

Der Arbeitsplatz muss den neuesten ergonomischen Ansprüchen gerecht werden. Im Einzelnen werden diese Anforderungen an einen Bildschirmarbeitsplatz gestellt:

- **Bildschirm**
  Die auf dem Bildschirm dargestellten Zeichen müssen scharf, deutlich und ausreichend groß sein sowie einen angemessenen Zeichen- und Zeilenabstand haben. Das Bild muss stabil und frei von Flimmern sein.

- **Tastatur**
  Die Tastatur muss vom Bildschirm getrennt und neigbar sein. Sie muss eine reflexionsarme Oberfläche haben. Die Form der Tasten und der Anschlag der Tasten müssen auf eine ergonomische Bedienung der Tastatur ausgerichtet sein. Die Tasten müssen deutlich beschriftet sein und sich vom Untergrund deutlich abheben.

- **Arbeitstisch**
  Der genormte Arbeitstisch sollte 72 cm hoch, 160 cm breit und 80 cm tief sein. Eine Arbeitshöhe von 75 cm darf nicht überschritten werden. Er muss genügend Platz für eine ergonomische Arbeitshaltung ermöglichen.

4. Zweistufige Aufzählungen

- Für zweistufige Gliederungen verwenden Sie Ordnungszahlen und Kleinbuchstaben mit einer Nachklammer. Es gibt hierbei zwei unterschiedliche Fluchtlinien. Die Textteile stehen in einer Fluchtlinie untereinander.

Beispiel für eine zweistufige Aufzählung

Zwischen Eingabe- und Ausgabegeräten müssen Sie bei der Hardware unterscheiden:

1. **Eingabegeräte**

   a) Tastatur
   b) Maus
   c) Scanner
   d) Spracherfassungssysteme

2. **Ausgabegeräte**

   a) Drucker
   b) Plotter

Plotter sind Ausgabegeräte, die Sie zum Erstellen von Zeichnungen verwenden.

Diagramme

Definition

- Ein Diagramm ist ein Element, das in der Regel aus einer Überschrift, einer grafischen Darstellung von Daten, Informationen oder Sachverhalten besteht. Eine Legende kann vorhanden sein.

Positionierung

- Vor und nach einem Diagramm lassen Sie in Texten mindestens eine Leerzeile. Sind die Diagramme nicht von Text umgeben, sollten Sie zentriert zwischen den Seitenrändern stehen.

- Wird ein Diagramm in einen Text integriert, müssen Sie darauf achten, dass sich der Zeilenabstand nicht verändert. Der Abstand zwischen dem Diagramm und dem angrenzenden Element beträgt mindestens 2 mm. Ein Diagramm hat immer eine eigenständige Überschrift.

Darstellung der Daten

- Der Diagrammtyp muss geeignet sein, die abzubildenden Werte darzustellen. Dazu wählen Sie die entsprechende Ansicht. Die Skalierung soll dem jeweiligen Sachverhalt angemessen sein. Sie ist bei Bedarf anzupassen. Eine Achsenbeschriftung nehmen Sie vor, wenn die Informationen sich nicht selbst erklären. Inhaltliche Wiederholungen von Teilen der Überschrift sollten Sie vermeiden. Eine Legende, also eine Beschreibung der im Diagramm verwendeten Symbole und Farben, bringen Sie an, wenn es für das Verstehen des Diagramms erforderlich ist.

Diagramm ohne vorausgehenden Text

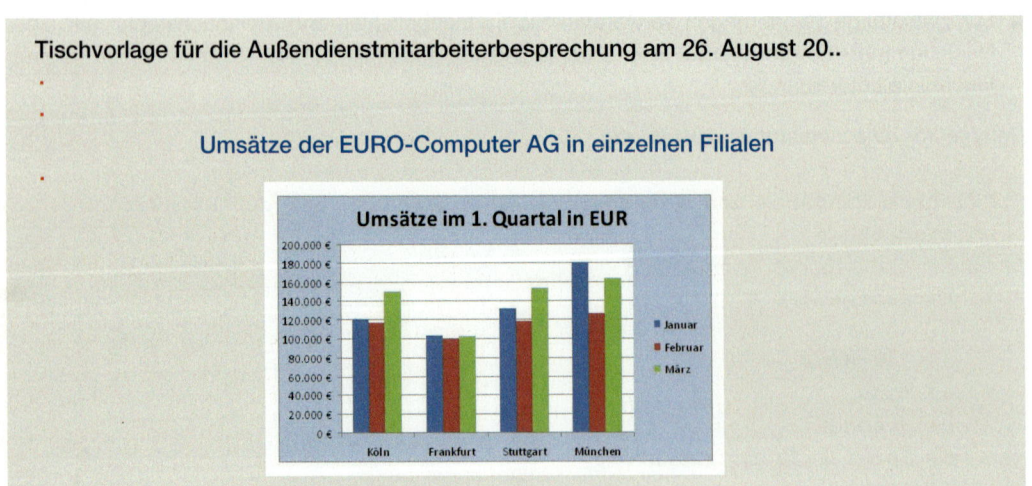

Diagramm im Text – frei positioniert

Das Diagramm zeigt, dass die Umsätze im März höher waren als im Februar d. J. Von den Filialen erzielte die Filiale München die höchsten Umsätze. In der Filiale Köln gingen die Umsätze gegenüber dem vergangenen Jahr erheblich zurück. Hier sind gezielte Werbemaßnahmen zu empfehlen. Dazu sollen die Vorschläge unserer Außendienstmitarbeiter berücksichtigt werden.

Es ist beabsichtigt, weitere Filialen in Dortmund, Hannover und Hamburg zu eröffnen.

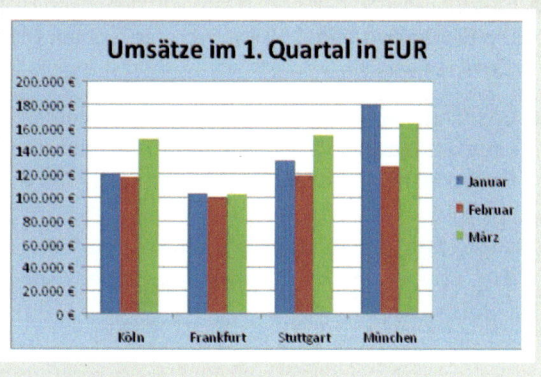

Diagramm mit vorausgehendem und folgendem Text

Das Diagramm zeigt, dass die Umsätze im März höher waren als im Februar d. J. Von den Filialen erzielte die Filiale München die höchsten Umsätze. In der Filiale Köln gingen die Umsätze gegenüber dem vergangenen Jahr erheblich zurück. Hier sind gezielte Werbemaßnahmen zu empfehlen. Dazu sollen die Vorschläge unserer Außendienstmitarbeiter berücksichtigt werden.

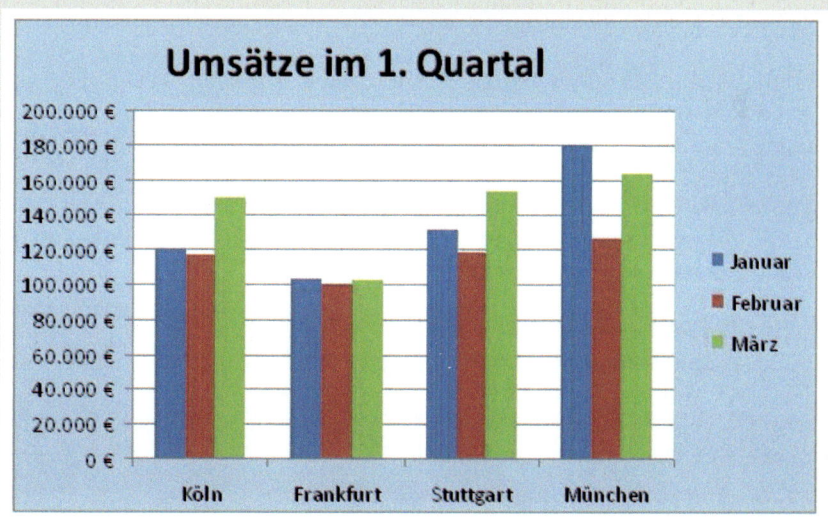

Es ist beabsichtigt, weitere Filialen in Dortmund, Hannover und Hamburg zu eröffnen.

Einrücken

- Eine Einrückung beginnt 50 mm von der linken Blattkante. Vom linken Rand aus sind das 25 mm. Die Einrückung endet 10 mm vor der rechten Blattkante. Vor und nach einer Einrückung lassen Sie eine Leerzeile.

- Das Einrücken empfiehlt sich nur, wenn mehrere Zeilen hervorgehoben werden sollen. In erster Linie kommen hierfür Zitate infrage. Aus optischen Gründen sollten Sie keine einzelne Zeile durch Einrücken hervorheben. Hierfür bietet sich das Zentrieren an.

> Nach dem Urheberrechtsgesetz dürfen Sie nur Software verwenden, für die Sie auch die Lizenz erworben haben. Dazu heißt es in unseren Geschäftsbedingungen:
>
> > Sie müssen den Bestimmungen des Lizenzvertrages zustimmen, bevor Sie dieses Produkt benutzen können. Das Produkt wird als einzelnes Produkt lizenziert.
>
> Wenn Sie das Programm dauerhaft verwenden möchten, müssen Sie es aktivieren. Diesen Vorgang können Sie telefonisch oder über das Internet durchführen.

- Eingerückte Aufzählungen sind besonders auffällig. Der Leser kann sie sofort erkennen. In Aufzählungen dürfen Sie die einzelnen Aufzählungsglieder durch Leerzeilen voneinander trennen. Nummerierungen oder Aufzählungszeichen setzen Sie vor die Aufzählungsglieder.

> Das Produkt MEGAPLUS 2010 bietet Ihnen neue Möglichkeiten für eine effiziente Kommunikation und Zusammenarbeit. Arbeiten Sie dabei mit vertrauten Anwendungen!
>
> > ☑ Nutzen Sie die erweiterten Funktionen der aktuellen Versionen für die Textverarbeitung, Tabellenkalkulation und Präsentationen.
> >
> > ☑ Bestimmen Sie selbst, wer Zugriff zu Ihren Informationen und Dokumenten hat und wie diese weiterverwendet werden.
>
> Auf diese Weise können Sie Ihre Entscheidungen fundierter treffen und für bessere Geschäftsabläufe sorgen.

Farben

- Durch Farben heben Sie wirkungsvoll hervor. Sie können die Schriftfarbe verändern oder Textteile farbig markieren.

> Der TFT-Widescreen-Bildschirm in einer Größe von 15,4 Zoll hat das 16:10-Bildformat. Darüber hinaus verfügt das Notebook über die neueste Grafik-Chip-Technologie.

Fettschrift

- Wenn Sie etwas wirkungsvoll hervorheben wollen, sollten Sie sich für die Fettschrift entscheiden. Sie fällt sofort auf und ist gut lesbar. Eine Hervorhebung beginnt mit dem 1. Zeichen und endet mit dem letzten Zeichen des hervorzuhebenden Wortes.

```
Ist Ihnen bekannt, warum das Modell Monaco nicht mehr beliebt ist?
Er betont, dass das Modell Neapel bei den Kunden sehr beliebt sei.
Den Absatz der Artikel Mailand und Nizza konnten wir noch erhöhen.
Warum testen Sie nicht einmal unser neuestes Modell Santa Barbara?
Er reist in den Ferien - wie in den Jahren davor - in die Toscana.
```

Fußnoten

- Als Fußnoten-Hinweiszeichen verwenden Sie hochgestellte Zahlen aus arabischen Ziffern. Bei drei Fußnoten dürfen Sie auch Sonderzeichen, z. B. Sterne, verwenden.

- Die Fußnoten stehen auf der Seite, auf der sie im Text aufgeführt sind. Ein Fußnotenstrich grenzt die Fußnote vom Text ab. Der Fußnotentext hat eine kleinere Schriftgröße als der übrige Text.

- Vor dem Fußnotenstrich lassen Sie mindestens eine Leerzeile. Hat die Seite nur wenige Zeilen, steht der Fußnotenstrich mit der Fußnote am Ende derselben Seite.

- Der Fußnotenhinweis schließt mit einem Punkt ab. Bei sehr kurzen Fußnoten darf der Punkt entfallen.

```
Anweisungen zur Gliederung von Zahlen, zum Formatieren von Texten und
zum Gestalten von Geschäftsbriefen finden Sie in DIN 5008[1]. Die bis-
herige Norm DIN 676[2] ist in die neue Norm integriert.
  .

  .
  _____
  [1] Schreib- und Gestaltungsregeln für die Textverarbeitung
  [2] Geschäftsbrief
```

Großbuchstaben

- Aus der Zeit der Schreibmaschine stammt auch noch das Hervorheben in Großbuchstaben. Weil auch diese Hervorhebungsart nicht gut lesbar ist, sollte man sich auf Modell- oder Produktbezeichnungen beschränken. Das hervorzuhebende Wort sollte auch nicht zu lang sein.

```
Können Sie Ihren anspruchsvollen Kunden die Marke GARDA empfehlen?
Der Absatz der Marken NAPOLI und CAPRI ist doch zufriedenstellend.
Testen Sie doch jetzt schon einmal unser neuestes Modell VENETIEN.
Sie können diese Textteile auch durch GROSSBUCHSTABEN hervorheben.
Verfolgen Sie Freitag im Fernsehen das interessante FUSSBALLSPIEL?
```

Hervorhebungen

■ In der betrieblichen Praxis kommt es darauf an, Geschäftsbriefe oder andere Schriftstücke so zu gestalten, dass sie optisch ansprechend wirken. Hervorhebungen sollten Sie so auswählen, dass das Wichtigste sofort auffällt. Es ist ein Fehler, zu glauben, in einem Schriftstück möglichst viele unterschiedliche Hervorhebungen anwenden zu müssen. Heben Sie deshalb nur das Wichtigste hervor. Beschränken Sie sich auf einige wenige Hervorhebungen.

■ In der Norm sind beispielhaft diese Hervorhebungen aufgeführt: *Einrücken, Unterstreichen, Zentrieren, Anführungszeichen, Wechsel der Schriftart, Wechsel der Schriftgröße, Fettschrift, Kursivschrift, Großbuchstaben* und *Farben*.

■ Bei diesen Hervorhebungen kann zwischen Zeichenformatierungen (Unterstreichen, Wechsel der Schriftart und Schriftgröße, Fettschrift, Kursivschrift, Großbuchstaben und Farben) sowie Absatzformatierungen (Einrücken und Zentrieren) unterschieden werden. Erläuterungen finden Sie zu den jeweiligen Hervorhebungsarten.

■ Sie haben auch die Möglichkeit, verschiedene Hervorhebungen zu kombinieren. Eine Kombination aus Fettschrift und Unterstreichen ist nicht sinnvoll, weil die Fettschrift das Wichtige sehr gut hervorhebt. Fettschrift und Farbe sind eine echte Alternative.

■ Um in einem Text den Blick des Empfängers sofort auf das Wesentliche zu lenken, sollten Sie eine wirkungsvolle Hervorhebungsart auswählen. Wenn Sie Textteile einrücken oder zentrieren, können Sie sicher sein, dass sie sofort erkannt werden.

Kursivschrift

■ Die Kursivschrift ist eine Schrägschrift, durch die Sie Textteile hervorheben können.

```
Reagieren Sie besonnen, um sich alles in Ruhe überlegen zu können.
Es ist wenig sinnvoll, unüberlegt auf diesen Vorfall zu reagieren.
Sie hat doch noch genügend Zeit, die Vor- und Nachteile abzuwägen.
Deswegen empfiehlt es sich, vorher alles schriftlich festzuhalten.
Unüberlegte Reaktionen können sich nachträglich negativ auswirken.
```

Lange Texte

■ Berichte (Thesenpapiere, Tischvorlagen) oder Facharbeiten (z. B. Hausarbeiten) sollten ein einheitliches Layout haben.

Schrift und Beschriftung

■ Den gesamten Text formatieren Sie in einer einheitlichen Schriftart. Die gewählte Standardschriftgröße dürfen Sie für Überschriften, Kopf- und Fußzeilen verändern. Kopf- und Fußzeilen sollten sich deutlich vom Text und den Überschriften abheben.

■ Für den Zeilenabstand können Sie den 1,5-fachen Zeilenabstand oder ein anderes einheitliches Maß wählen. Überschriften trennen Sie vom vorausgehenden oder nachfolgenden Text durch einheitliche Abstände.

729224

- Den Text gliedern Sie in Abschnitte und Absätze. Die Abschnitte nummerieren Sie. Wie auch in anderen Texten üblich, steht die Abschnittsnummer vor der Abschnittsüberschrift.

- Eine einzelne Zeile eines Absatzes sollte nicht auf einer neuen Seite stehen. Die erste Zeile eines Absatzes sollten Sie auch nicht auf der vorherigen Seite aufführen. Neue Abschnitte oder Gliederungspunkte beginnen auf einer neuen Seite.

- Je nach Inhalt und Zweck des Textes können Sie die Blätter ein- oder beidseitig beschriften.

- Zitate innerhalb eines Textes setzen Sie zweckmäßigerweise in Anführungszeichen oder eckigen Klammern. Fußnoten erscheinen auf der jeweiligen Seite und werden für jede Seite neu gezählt.

- Endnoten nehmen Sie am Ende des Textes auf und nummerieren sie fortlaufend. Weitere Hinweise für Titelangaben und Zitierregeln entnehmen Sie bitte der Norm DIN 1505.

Seitenränder

- Die Seitenränder sollten dem Zweck des Schriftstückes entsprechen. Ein innerer Seitenrand von 25 mm ist zu empfehlen. Entwürfe oder Texte, die zu korrigieren sind, sollten einen angemessenen Korrekturrand haben. Das können rechts 50 mm sein.

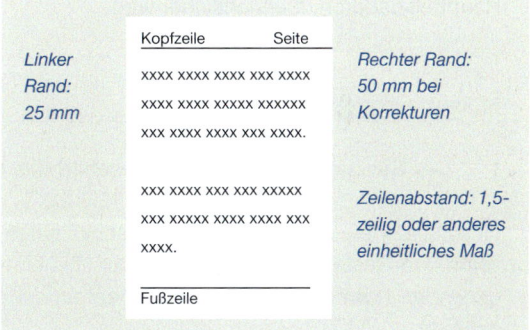

- Texte können Sie ein- oder mehrspaltig anordnen.

- Eine Marginalspalte erleichtert das Lesen und befindet sich am äußeren Seitenrand des Textes. In ihr führen Sie Anmerkungen zu bestimmten Textstellen auf. Sie können die Marginalspalte auch für eine stichpunktartige Zusammenfassung verwenden.

Format

- Müssen Sie Seiten im Querformat einfügen, drehen Sie diese gegen den Uhrzeigersinn. Kopf- und Fußzeilen bleiben aber an der bisherigen Stelle.

Kopf- und Fußzeilen

- Eine Kopfzeile enthält in der Regel die Titelzeile und die Seitenzahl, die Sie rechtsbündig anordnen. Die Kopfzeile muss sich vom Text und den Überschriften abheben.

- Seitenzahlen dürfen Sie auch in der Fußzeile aufführen. Sie sollten bei beidseitigen Dokumenten rechtsbündig außen angeordnet sein.

- Die Seitenzählung beginnen Sie mit dem Titelblatt. Auf das Titelblatt setzen Sie aber keine Seitenzahl. In wissenschaftlichen Arbeiten beginnen die Seitenzahlen in der Regel mit dem Beginn des Textteils. Anlagen in solchen Arbeiten nummerieren Sie meistens gesondert.

Titelblatt

- Das Titelblatt enthält den vollständigen Titel und weitere Angaben. Dazu gehören Untertitel oder die Namen von Verfassern.

Inhaltsverzeichnis

- Ein Inhaltsverzeichnis erstellen Sie für mehr als 10 Seiten. Es enthält die Abschnittsnummern, die Abschnittsüberschriften und die Seitenzahlen. Die Abschnittsnummern beginnen – wie auch in anderen Texten üblich – in einer einheitlichen Fluchtlinie. Ebenfalls eine weitere Fluchtlinie bilden die Abschnittsüberschriften. Nach den Abschnittsnummern lassen Sie einen Abstand von mindestens zwei Leerzeichen.

Weitere Verzeichnisse und Anhänge

- Abbildungs-, Tabellen-, Literatur- und Abkürzungsverzeichnisse sowie Glossar oder Index fügen Sie an das Ende eines Dokumentes an und sollten Sie ebenfalls einheitlich formatieren.

- Bestimmte Textteile können Sie aus dem Text ausgliedern und als Anlage beifügen, wenn der Hauptteil dadurch übersichtlicher wird.

Moderne Korrespondenz 1

1 Der Geschäftsbrief – Aushängeschild des Unternehmens

Geschäftsbriefe sind das „Aushängeschild eines Unternehmens". Darum kommt dem Formulieren und Gestalten eines Geschäftsbriefes eine große Bedeutung zu. Sie müssen dabei die geltenden Normen[1] beachten. Ein ansprechender Brief ist die beste Werbung für ein Unternehmen.

1.1 Wählen Sie Formulierungen, die den Empfänger ansprechen

Wer heute Kunden gewinnen will, muss sie umwerben. Das bedeutet, dass Sie Ihre Formulierungen so wählen, dass sich der Kunde angesprochen fühlt. Fassen Sie Ihre Geschäftsbriefe persönlich, freundlich, prägnant und informativ ab.

1.2 Formulieren Sie kurz und verständlich

Der Empfänger sollte Ihre Sätze gleich verstehen, ohne lange über den Inhalt nachdenken zu müssen. „Bandwurmsätze" sollten Sie vermeiden. Formulieren Sie nach Möglichkeit so, wie Sie sprechen. Vermeiden Sie in einem Satz mehrere Einschübe, weil der Satz dadurch unverständlich wird.

1.3 Versetzen Sie sich in die Lage des Empfängers

Haben Sie den Brief vollständig verfasst, dann lesen Sie ihn noch einmal durch. Versetzen Sie sich dabei in die Lage des Empfängers. Fragen Sie sich, wie Sie als Empfänger des Briefes auf Ihre eigenen Formulierungen reagieren.

---

[1] DIN 5008: Schreib und Gestaltungsregeln für die Textverarbeitung
DIN 5009: Diktierregeln

729226

Schriftart und Schriftgröße

■ Im Anwendungsbereich der Schreib- und Gestaltungsregeln für die Textverarbeitung (DIN 5008) heißt es: „Diese Norm legt fest, wie durch ein einheitliches Anwenden von Schriftzeichen bei Textverarbeitungssystemen und Schreibmaschinen mit alphanumerischen Tastaturen **eine leichte und eindeutige Lesbarkeit der Schrift gesichert werden kann** …"

Beispiele für Schriftarten und Schriftgrößen

Serifenschriften, Schriftgrad 10:

`Courier New`, **Bookman Old Style**, Times New Roman, Palatino Linotype

Serifenlose Schriften, Schriftgrad 10:

Arial, Calibri, Franklin Gothic Book, **Tahoma**, Verdana

■ Die Schriftart und Schriftgröße stellen Sie für das gesamte Dokument ein. Sie können aber auch durch einen Wechsel der Schriftart Textteile hervorheben.

Das **Notebook Centro 380** erhalten Sie zum Vorzugspreis von **680,00 €** einschließlich Mehrwertsteuer. Die neueste Technologie wird Sie bestimmt begeistern. Möchten Sie das **Notebook Centro 380** näher kennenlernen?

■ Verändern Sie die Schriftgröße, verändert sich auch der Zeilenabstand. Innerhalb eines Absatzes sollten Sie darauf verzichten, durch die Schriftgröße Textteile hervorzuheben.

Das **Notebook Centro 380** mit einem Pentium-Dualcore-Prozessor von 2,3 GHz sorgt für eine schnelle Verarbeitung Ihrer Daten. Natürlich ist dies nicht der einzige Vorzug.

■ Entscheiden Sie sich für eine andere Schriftart, um etwas hervorzuheben, sollten Sie nur Schriftarten wählen, die gut lesbar sind. Schreibschriften eignen sich beispielsweise nicht immer als Hervorhebungsart.

Nicht so, …
```
Gefällt Ihnen unser neues Modell „Venedig"?
Gefällt Ihnen unser neues Modell „VENEDIG"?
```

… sondern so!
```
Gefällt Ihnen unser neues Modell „Venedig"?
Gefällt Ihnen unser neues Modell „Venedig"?
```

Summen

■ Einen Summen- oder Abschlussstrich erzeugt das eingesetzte Textverarbeitungsprogramm. In Zahlenaufstellungen müssen Sie darauf achten, dass Zahlen und die dazugehörigen Einheiten stellengerecht untereinander stehen.

```
   453,50 EUR             1.525,50 €            5 325,28 m
   238,78 EUR            -1.030,30 €           12 453,59 m
   692,28 EUR               495,20 €           -----------
                                               17 778,87 m
```

Tabellen

Definition

■ Nach DIN 5008 ist eine Tabelle eine Darstellung von Informationen in mehreren Spalten und Zeilen. Eine Tabelle besteht in der Regel aus

☑ einer Überschrift,
☑ einem Tabellenkopf,
☑ einer Vorspalte und
☑ Feldern.

■ Weitere Informationen zum Anfertigen statistischer Tabellen finden Sie in der Norm DIN 55301.

Positionierung

■ Die Tabelle sollten Sie so positionieren, dass sie mit ihrem Rahmen innerhalb der Seitenränder steht.

■ Eine Tabelle sollten Sie zentriert zwischen den Seitenrändern ausrichten.

■ Haben Sie eine Tabelle in einen Text einzufügen, lassen Sie vor und nach der Tabelle mindestens eine Leerzeile.

■ Passt die Tabelle nicht vollständig auf eine Seite, müssen Sie den Tabellenkopf auf den Folgeseiten wiederholen.

Überschrift

■ Jede Tabelle hat eine Überschrift. Sie können die Überschrift auch in den Tabellenkopf integrieren. Auf die Überschrift können Sie verzichten, wenn sich der Inhalt der Tabelle aus dem vorausgehenden Text ergibt.

729228

Tabellenüberschrift

Tabellenkopf und Vorspalte

■ Der Tabellenkopf enthält die Spaltenbezeichnungen. Über den Spalten können Sie auch eine Kopfbezeichnung anbringen.

■ Die Vorspalte enthält die Vorspaltenbezeichnung und alle Zeilenbezeichnungen. Für die Tabellenköpfe gilt, dass sie durch waagerechte und senkrechte Linien übersichtlich zu gliedern sind. Die Linien sollten in der Regel die gleiche Breite haben.

■ Die Spaltenbezeichnungen im Tabellenkopf sollten Sie zentrieren. Das gilt aber nicht für die Vorspalte, die Sie linksbündig ausrichten. Bei statistischen Tabellen sind die Einheiten (z. B. Währungsbezeichnungen, Maße oder Gewichte) Teil der Spaltenbezeichnungen.

Felder

■ Felder beschriften Sie mit einem Mindestabstand von 1 mm zur senkrechten Linie. Zwischen Text- und Feldbegrenzung sollten Sie oben und unten einen gleichmäßigen Abstand festlegen.

■ In den Feldern richten Sie die Texte linksbündig aus, während Sie die Zahlen rechtsbündig anordnen.

■ Tabellen gliedern Sie durch waagerechte und senkrechte Linien. Waagerechte Linien verwenden Sie nur zur Gruppierung, also für den Tabellenkopf und zur Summenbildung. Zur besseren Lesbarkeit dürfen Sie sich auch für andere Formatierungsmöglichkeiten, z. B. eine Hintergrundschattierung, entscheiden.

Schriften in Tabellen

■ Zum Anfertigen von Tabellen empfiehlt die Norm, „Serifenschriften, z. B. Times New Roman, in statistischen Tabellen zu vermeiden, weil sie nicht so gut lesbar sind". Sie sollten serifenlose Schriften, z. B. Arial, Verdana oder Tahoma, verwenden.

Beispiele für die Gestaltung von Tabellen

Zahlungseingänge

Kunde	Rechnung			Fälligkeit
	Nr.	Datum	Betrag €	
Büromöbelfabrik Westfalia AG	598	20..-07-10	12.650,00	20..-08-11
Bürosysteme Winkelmann OHG	652	20..-07-13	8.528,00	20..-08-14
Computer & Technik	682	20..-07-18	9.256,50	20..-07-19
Büroorganisation Müller & Co. KG	912	20..-07-25	18.245,50	20..-07-26

Bevölkerung und Fläche – Vergleich verschiedener Bundesländer

Bundesland	Fläche		Einwohner		Einwohner km^2
	Land km^2	Deutschland %	Land	Deutschland %	
Baden-Württemberg	35 751	10,01	10 661 320	12,92	293
Bayern	70 594	19,76	12 387 351	15,01	175
Niedersachsen	47 616	13,34	7 980 474	9,67	166
Nordrhein-Westfalen	34 082	9,55	18 076 355	21,90	530
Rheinland-Pfalz	19 846	5,56	4 057 727	4,92	204
Sachsen	18 413	5,16	4 349 059	5,27	238

Aus www.deutschland-auf-einen-blick.de, 29. Dezember 2008

729230

Unterstreichen

- Das Unterstreichen beginnt unter dem ersten und endet unter dem letzten Zeichen des hervorzuhebenden Teils. Diese Hervorhebungsart wurde an der Schreibmaschine bevorzugt. Anstelle des Unterstreichens sollten Sie heute andere Hervorhebungen, z. B. Fettschrift, Kursivschrift oder Farbe, bevorzugen, weil die Unterlängen, z. B. g, q, p, weder gestreift noch geschnitten werden sollten. Das gilt aber nicht für Hyperlinks. Geben Sie nach einem Hyperlink ein Leerzeichen ein, wird er automatisch unterstrichen.

- Beim Unterstreichen müssen Sie beachten, dass auch die Leerzeichen zwischen den Wörtern unterstrichen werden.

```
Dem Schuldner wurde eine Zahlungsfrist bis zum Monatsende gesetzt.
Verstreicht auch diese Frist, erhält der Kunde einen Mahnbescheid.
Zu diesem Vorfall muss sich die Schülerin noch ausführlich äußern.
```

Zahlenaufstellungen

- Zahlenaufstellungen richten Sie nach dem letzten Schriftzeichen jeder Zahlengruppe aus. Dezimalzeichen stehen untereinander.

Kunde	Rechnung	Datum	Betrag €
Meyer	55/20..	20..-01-18	55,48
Schulze	976/20..	20..-08-03	1.452,46
Brüggenwirth	1254/20..	20..-11-20	576,20

Zentrieren

- Vor und nach einer zentrierten Textstelle lassen Sie eine Leerzeile.

```
Zu einer Besprechung der Außendienstmitarbeiter am

          Donnerstag, 17. November d. J., 09:00 Uhr,

laden wir Sie in das Hotel „Zum Schwarzen Adler" in Bad Kissingen ein.
```

C. BRIEFE

Akademische Grade

- Akademische Grade (z. B. Diplom- und Doktorgrade) setzen Sie in Anschriften vor den Namen. Bachelor- und Mastergrade stehen im Allgemeinen hinter dem Namen, z. B. B. A. (Bachelor of Arts), B. Sc. (Bachelor of Science), M. A. (Magister Artium).

Frau Dr. Katja Strunk	Herrn Dipl.-Kfm. Thomas Müller
Frau Silvia Engel B. A.	Herrn Frank Hartmann M. A.

Anlagenvermerk

- Um beim Posteingang prüfen zu können, welche weiteren Schriftstücke einem Geschäftsbrief beiliegen, ist ein Anlagenvermerk erforderlich. Für die Gestaltung des Anlagenvermerks haben Sie verschiedene Möglichkeiten: Sie können ihn in ausführlicher oder verkürzter Form schreiben.

- Nach einer Leerzeile setzen Sie den Anlagenvermerk unter den Briefabschluss. Die Überschrift dürfen Sie durch Fettschrift hervorheben. Unter dem Wort „Anlage(n)" können Sie die Anlagen einzeln aufführen.

```
Sagt Ihnen unser Angebot zu? Wenn Sie weitere Fragen haben, dann
rufen Sie uns an.

Freundliche Grüße

Bau- und Gartenmarkt GmbH

i. A.

Michael Müller

Anlagen
2 Prospekte
```

- Beim verkürzten Anlagenvermerk führen Sie nur die Anzahl der Anlagen und das Wort „Anlage(n)" auf.

729232

```
Wünschen Sie weitere Informationen, dann sprechen Sie mit uns.
.
Freundliche Grüße aus Bremen
.
Bürozentrum
Blumenthal KG
.
ppa.
.
Vera Hansmann

3 Anlagen
```

- Reicht der Platz unter dem Briefabschluss nicht aus, setzen Sie den Anlagenvermerk in Höhe des Grußes – 100 mm vom linken Rand.

```
Wie denken Sie über unseren Vorschlag?
.                                              100 mm vom linken Rand
Freundliche Grüße                              Anlagen
.                                              3 Druckschriften
Autohaus Rhein-Main GmbH
.
i. A.
.
Thomas Brauner
```

Anrede

- In Geschäftsbriefen folgt nach dem Betreff die Anrede. Ist der Empfänger eines Geschäftsbriefes persönlich bekannt, reden Sie ihn mit „Sehr geehrte Frau ..." oder „Sehr geehrter Herr ..." an. In Unternehmen sind die Ansprechpartner oft nicht bekannt. Dann wählen Sie die neutrale Anrede „Sehr geehrte Damen und Herren." Dazu gibt es aber auch Alternativen. Manche Unternehmen bevorzugen die Anrede „Guten Tag Frau ..." oder „Guten Tag Herr ..." Eine solche Anrede klingt persönlicher und entspricht dem heutigen Sprachgebrauch.

- Nach der Anrede folgt ein Komma. Beginnt der Textanfang nicht mit einem Substantiv, schreiben Sie den Anfang des Absatzes klein. Es ist auch möglich, hinter die Anrede ein Ausrufezeichen zu setzen.

```
Sehr geehrte Frau Müller,
.
Sie wünschen ein Angebot über ...
```

```
Guten Tag Herr Schober,
.
durch Ihre gelungene Präsentation im Internet ...
```

Anschriften

Anschriftfelder

- Das Feld für die Anschrift des Empfängers ohne Rücksendeangabe in Geschäftsbriefen ist 40 mm hoch und 85 mm breit. Es umfasst neun Zeilen. Ein Feld für die Rücksendeangabe (Postanschrift des Absenders) kann in das Anschriftfeld integriert sein.

- Um die Aufschriften in den Anschriftfeldern und auf Briefhüllen international zu vereinheitlichen und um die Anschrifterkennung zu optimieren, entfallen die Leerzeilen. Dadurch ist eine schnellere und sichere Bearbeitung und Zustellung der Sendungen möglich.

- Die Aufschrift im Anschriftfeld wird auf allen Schriftstücken, Briefhüllen und Etiketten in gleicher Weise angeordnet. Die Aufschrift des Anschriftfeldes wird aufgeteilt in eine Zusatz- und Vermerkzone sowie eine Anschriftzone vor.

- Das maximale Zeilenende für die Zeilen einer Anschrift beträgt 80 mm vom linken Rand oder 105 mm von der linken oder rechten Blattkante.

Anschriftfeld ohne Rücksendeangabe

Das folgende Beispiel zeigt die Gliederung eines Anschriftfeldes ohne Rücksendeangabe.

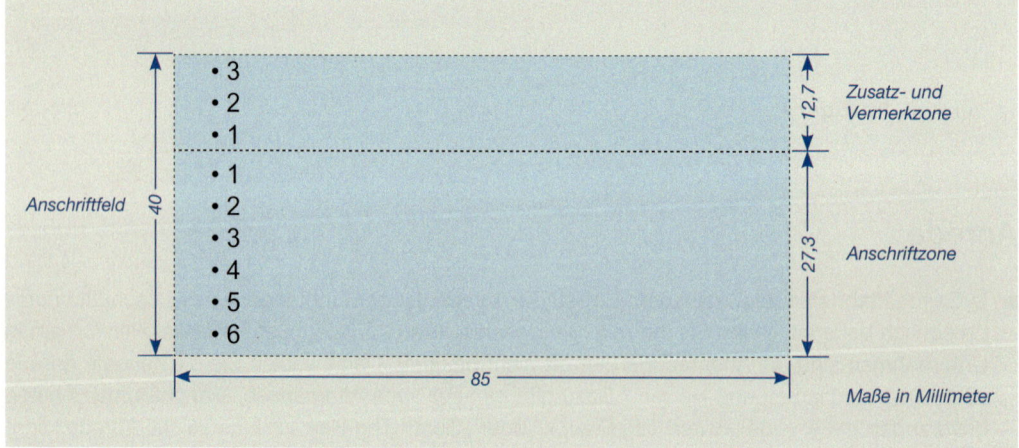

729234

Anschriftfeld mit integrierter Rücksendeangabe

Das folgende Beispiel zeigt die Gliederung eines Anschriftfeldes mit integrierter Rücksendeangabe.

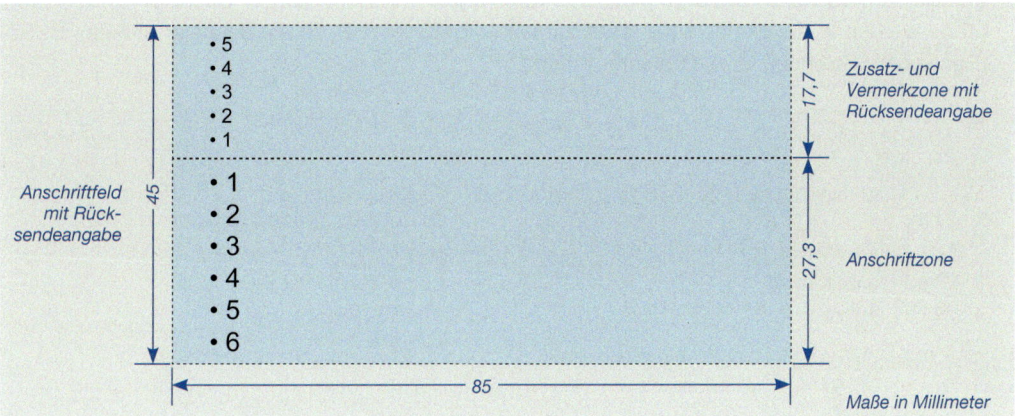

- Das Feld ist 45 mm hoch. Rücksendeangabe und Zusatz- und Vermerkzone sind zu einer Zone zusammengefügt. Das Anschriftfeld besteht aus 11 Zeilen. Bei einer Schriftgröße von 8 Punkt haben Sie in der Zusatz- und Vermerkzone mit Rücksendeangabe fünf Zeilen.

Beschriften von Anschriftfeldern

- Für die Empfängeranschrift verwenden Sie die gleiche Schriftart und -größe wie für den übrigen Geschäftsbrief.

```
3 ·
2 ·
1 ·
1 Frau
2 Karin Neuendorf
3 Wilhelm-Weber-Straße 12
4 26133 Oldenburg
5 ·
6 ·
```

- Von der oberen Blattkante bis zur 1. Zeile der Zusatz- und Vermerkzone bleibt in Form A (hochgestelltes Anschriftfeld) des Geschäftsbriefes A4 ein Abstand von 32 mm. In Form B (tiefgestelltes Anschriftfeld) beträgt der Abstand 50 mm.

Personenschriften mit Anschriftfeld ohne Rücksendeangabe

- Ohne Zusätze und Vermerke beginnt die Anrede in der 1. Zeile der Anschriftzone. Darunter steht in der 2. Zeile der Name. Die Straßenbezeichnung steht im Allgemeinen in der 3. Zeile, während für die Postleitzahl und den Wohnort die 4. Zeile vorgesehen ist. Postleitzahlen schreiben Sie fünfstellig und ungegliedert.

- Berufs- oder Amtsbezeichnungen stehen hinter der Anrede. Akademische Grade wie Diplom- und Doktorgrade (z. B. Dr., Dipl.-Ing., Dipl.-Kfm.) stehen vor dem Namen. Bachelor- und Master- grade werden in der Regel hinter dem Namen aufgeführt, z. B. B. A. (Bachelor of Arts), B. Sc. (Bachelor of Science), M. A. (Magister Artium).

```
3  .                                .
2  .                                .
1  .                                .
1  Frau                             Frau Geschäftsführerin
2  Katja Fischer B. A.              Dipl.-Kffr. Sabine Wolf
3  Elsa-Bauer-Weg 15                Otto-Hahn-Straße 23
4  22297 Hamburg                    90453 Nürnberg
5  .                                .
6  .                                .
```

- Ist der Empfänger nicht der Wohnungsinhaber, so ist der Name des Wohnungsinhabers unter den Namen des Empfängers zu setzen. Das gilt auch, wenn der Empfänger zu Besuch ist.

- Die Zusatz- und Vermerkzone (12,7 mm hoch) nimmt elektronische Freimachungsvermerke, Produkte (z. B. Einschreiben, Einschreiben Einwurf, Einschreiben Rückschein, Infobrief), Vorausverfügungen (z. B. Nicht nachsenden!) oder Zustellvermerke auf. Ist ein Vermerk aufzu- nehmen, steht dieser in der 1. Zeile der Zusatz- und Vermerkzone. Sind mehrere Vermerke auf- zunehmen, verwenden Sie von unten nach oben die Zeilen 1 bis 3.

- Wenn Sie für die Anschrift mehr als drei Zeilen in der Zusatz- und Vermerkzone und mehr als sechs Zeilen in der Anschriftzone benötigen, dürfen Sie auch den Platz der jeweils anderen Zone nutzen. Sollte der Platz nicht ausreichen, reduzieren Sie die Schriftgröße. 8 Punkt dürfen Sie aber nicht unterschreiten. Bei kleineren Schriftgrößen als 10 Punkt bevorzugen Sie serifenlose Schriften, z. B. Arial oder Verdana.

```
3  .                                .
2  .                                Einschreiben
1  Nicht nachsenden!                Persönlich/Vertraulich
1  Frau                             Frau
2  Dr. Stefanie Neumann             Dipl.-Päd. Eva Meier
3  Deidesheimer Straße 83           bei Stankewitz
4  68309 Mannheim                   Marburger Straße 25
5  .                                10789 Berlin
6  .
```

729236

Personenanschriften mit integrierter Rücksendeangabe

■ Rücksendeangabe und Zusatz- und Vermerkzone können auch eine Zone bilden, die aus fünf Zeilen besteht. Das Anschriftfeld besteht dann aus 11 Zeilen und ist 45 mm hoch.
Die Rücksendeangabe (Postanschrift des Absenders) steht in der 1. Zeile der Zusatz- und Vermerkzone, wenn keine weiteren Angaben erforderlich sind.

■ Ortsteilnamen dürfen in einer besonderen Zeile oberhalb der Straßenbezeichnung stehen. Sie dürfen nicht Teil des Ortsnamens sein.

```
5  ·                                         ·
4  ·                                         ·
3  ·                                         ·
2  ·                                         ·
1  Euro-Computer AG, 21902 Hamburg          Bürosysteme Wend GmbH, Postfach 1 26, 59494 Soest
1  Frau                                     Herrn Rechtsanwalt
2  Susanne Hausmann B. Sc.                  Dr. Christian Wolf
3  bei Schmidt                              Sennestadt
4  Goldfinkstraße 25                        Am Beckhof 15
5  45134 Essen                              33689 Bielefeld
6  ·                                         ·
```

■ Die Zusatz- und Vermerkzone mit integrierter Rücksendeangabe nimmt neben der Rücksende- angabe elektronische Freimachungsvermerke, Produkte (z. B. Einschreiben, Einschreiben Ein- wurf, Einschreiben Rückschein, Infobrief) und Vorausverfügungen (z. B. Nicht nachsenden!) auf. Sind mehrere Zusätze oder Vermerke aufzunehmen, verwenden Sie von unten nach oben die Zeilen 1 bis 5. Die Angaben in dieser Zone schreiben Sie in einer Schriftgröße von 8 Punkt. Die Rücksendeangabe behandeln Sie wie die übrigen Zusätze oder Vermerke.

```
5  ·                                         ·
4  ·                                         ·
3  ·                                         Hightech AG · 04275 Leipzig
2  Hightech AG · 04275 Leipzig              ||||| | ||||||
1  Nicht nachsenden!                        Einschreiben
1  Frau                                     Herrn Regierungsrat
2  Dagmar Schmidt                           Dr. Thomas Schulze
3  Akademiestraße 15                        Hardenbergstraße 26
4  76133 Karlsruhe                          04275 Leipzig
5  ·                                         ·
6  ·                                         ·
```

Besonderheiten in Anschriften

■ Da bei der Bezeichnung „Professor" nicht zu erkennen ist, ob es sich um einen akademischen Grad oder eine Berufsbezeichnung handelt, wird die Abkürzung „Prof." vor den Namen gesetzt.

■ In der Zustellangabe dürfen zusätzlich der Gebäudeteil, das Stockwerk oder die Wohnungsnum- mer aufgeführt werden. Zwei Schrägstriche trennen die Angaben ab. Davor und dahinter bleibt ein Leerzeichen. Bisher wurden für die Stockwerkangaben römische Zahlen verwendet. Nach dieser Norm schreiben Sie die Stockwerkangabe aus.

```
5  ·                                      ·
4  ·                                      ·
3  ·                                      ·
2  Kling KG · Postfach 41 98 · 59457 Werl  Bäumer GmbH · Postfach 53 58 · 59494 Soest
1  Nicht nachsenden!                      Persönlich
1  Frau                                   Herrn
2  Prof. Dr. Sonja Schrader               Hans Uhlenberg M. A.
3  Morsering 15 // 3. Stock               Suhler Straße 23 // W 15
4  80937 München                          99092 Erfurt
5  ·                                      ·
6  ·                                      ·
```

Unternehmensanschriften im Anschriftfeld ohne Rücksendeangabe

■ Die Anordnung der Unternehmens- und Behördenanschriften entspricht der Gestaltung von Privatanschriften.

■ Unternehmensanschriften beginnen wie die Privatanschriften in der 1. Zeile der Anschriftzone. Längere Firmenbezeichnungen verteilen Sie auf zwei Zeilen.

■ Ist ein Postfach vorhanden, wird anstelle der Straßenbezeichnung das Postfach aufgeführt. Postfachnummern gliedern Sie durch Leerzeichen von rechts nach links in zweistellige Gruppen.

```
3  ·                                      ·
2  ·                                      ·
1  ·                                      ·
1  Bürosysteme                            Autohaus Brandenburg KG
2  Steinkamp GmbH                         Niederlassung Potsdam
3  Postfach 34 58 98                      Postfach 6 39 49
4  16225 Eberswalde                       14471 Potsdam
5  ·                                      ·
6  ·                                      ·
```

■ Große Unternehmen haben oft eine eigene Postleitzahl. In einem solchen Fall führen Sie kein Postfach auf.

■ Soll der Brief eine bestimmte Mitarbeiterin oder einen bestimmten Mitarbeiter erreichen, setzen Sie die Anrede mit dem Namen unter die Firma.

```
3  ·                                      ·
2  ·                                      ·
1  ·                                      ·
1  Papierfabrik                           Autohaus Brandenburg KG
2  Nordost GmbH                           Niederlassung Potsdam
3  Frau Tanja Schulze                     Herrn Dipl.-Kfm. Heinz Schmitt
4  16225 Eberswalde                       Postfach 6 39 49
5  ·                                      14471 Potsdam
6  ·                                      ·
```

- In Anschriften von Einzelunternehmen führen Sie hinter dem Namen den Zusatz „e. K." oder „e. Kffr." (eingetragene Kauffrau) oder „e. K." oder „e. Kfm." (eingetragener Kaufmann) auf.

Unternehmensanschriften mit integrierter Rücksendeangabe

```
5 ·                                           ·
4 ·                          Blank KG · Postfach 12 09 · 59423 Unna
3 ·                          ||||| | |||||||
2 ·                          Nicht nachsenden!
1 Brenner GmbH · Postfach 13 50 · 59494 Soest   Persönlich
1 Sport + Spiel GmbH         Sabine Bräuner e. K.
2 Frau Stefanie Schneider    Platanenweg 125
3 Postfach 55 89 34          50827 Köln
4 24937 Flensburg            ·
5 ·                          ·
6 ·                          ·
```

Auslandsanschriften ohne Rücksendeangabe

- Auslandanschriften schreiben Sie in der Form des Bestimmungslandes. Für den Bestimmungsort und das Bestimmungsland verwenden Sie Großbuchstaben.

```
3 ·                          ·
2 ·                          ·
1 ·                          ·
1 Herrn Hofrat               Hr. Hans Jensen
2 Prof. Peter Moser          Frederiksgade 15
3 Vorgartenstraße 128        5000 ODENSE
4 1020 WIEN                  DÄNEMARK
5 ÖSTERREICH                 ·
6 ·                          ·
```

Beglaubigungsvermerk in Behördenbriefen

■ Wird der Brief einer Behörde nicht eigenhändig unterzeichnet, wird ein Beglaubigungsvermerk anstelle der Unterschrift aufgeführt.

■ Der Briefabschluss setzt sich dann aus dem Gruß, einem Zusatz (z. B. im Auftrag), dem Namen des Bearbeiters, evtl. mit seiner Amtsbezeichnung, sowie dem Vermerk „Beglaubigt" zusammen. Unter „Beglaubigt" sind der Name des Mitarbeiters und die Amtsbezeichnung aufzuführen.

■ Alle Bestandteile des Briefabschlusses beginnen an der Fluchtlinie.

■ Für Anlagen- und Verteilvermerke in Behördenbriefen gelten die gleichen Regeln wie für Geschäftsbriefe.

```
Sie erhalten in Kürze einen weiteren Bescheid.

Freundliche Grüße

im Auftrag
Frank Meyer
Stadtamtsrat

Beglaubigt



Helga Kronsmann
Verwaltungsangestellte
```

```
Senden Sie uns den Vertrag bis zum 15. d. M. zu.

Mit freundlichem Gruß

Görlitz
Richterin am Amtsgericht

Beglaubigt



Sauerbaum
Justizamtsinspektor
```

Behördenbrief mit gestaltetem Informationsblock

Kreis Nirgendwo

Kreis Nirgendwo • Postfach 59 18 • 15151 Nirgendwo

Frau	Ihr Zeichen:
Silke Großmann M. A.	Ihre Nachricht vom: 20..-03-18
Eschenstraße 25 // 3. Stock	
12161 Berlin	Geschäftszeichen: II A 345 – 259/11

Ihr Zeichen:
Ihre Nachricht vom: 20..-03-18

Geschäftszeichen: II A 345 – 259/11
Bei Antwort und Rückfragen bitte stets angeben.

Bearbeiter: Klaus Krüger
Telefon: 01111 2828-15
Telefax: 01111 2828-16
E-Mail: info@kreis-nirgendwo.de
Internet: www.kreis-nirgendwo.de

Datum: 20..-03-30

Ihr Widerspruch gegen den Leistungsbescheid

Sehr geehrte Frau Großmann,

Sie haben gegen unseren Bescheid vom 3. März 20.. Widerspruch eingelegt. Ihrem Widerspruch lag aber keine Begründung bei. Bitte senden Sie uns diese bis zum **20. April d. J.** zu.

Über den Widerspruch entscheiden wir erst, wenn Sie uns Ihre Begründung zugesandt haben. Geht uns keine Begründung zu, entscheiden wir nach Aktenlage.

Freundliche Grüße

im Auftrag
Klaus Krüger

Beglaubigt

Anke Brinkmann
Verwaltungsangestellte

Geschäftsräume	Geschäftszeiten	Sparkasse Nirgendwo	Postbank Nirgendwo
Hamburger Straße 15 – 17	montags – freitags	BLZ 333 333 33	BLZ 444 444 44
15151 Nirgendwo	08:00 bis 16:00 Uhr	Konto 333 333 333	Konto 444 444 444

Landrat: Dr. Heinz Wichmann

Berufs- oder Amtsbezeichnungen

■ Berufs- oder Amtsbezeichnungen führen Sie in Empfängeranschriften hinter der Anrede „Frau" oder „Herrn" auf.

Herrn Rechtsanwalt Hans Meyer	Frau Regierungsrätin Karin Glasmacher

Beschriften von Briefvorlagen

■ Wegen der besseren Lesbarkeit sollten Sie in fortlaufenden Texten zu kleine Schriftgrößen (unter 10 Punkt) vermeiden. Auf ausgefallene Schriftarten oder Schriftstile sollten Sie ebenfalls verzichten. Schreibschriften oder die Großbuchstabenschrift „Kapitälchen" sind schlecht zu lesen.

Betrachten Sie das folgende Beispiel hinsichtlich der Lesbarkeit.

Mit Ihrem umfangreichen Sortiment an Wohnmöbeln bieten Sie Ihren Kunden eine vielfältige Auswahl. Sie sind bestrebt, immer den *Geschmack Ihrer Kunden* zu treffen. Diesem Ziel entsprechen Sie, indem Sie Ihr Angebot um die KOMFORTSESSEL TOSKANA und NORMANDIE erweitern.

Was zeichnet diese bequemen Sessel aus? Es ist der Schaumstoff, der direkt über dem Stahlrahmen geformt wird. Dadurch erhält der Sessel eine Kontur, die sich dem Körper anpasst. Durch eine Einlage aus weichem Schaumstoff bekommt er einen *optimalen Weichheitsgrad*. Die Gleitfunktion stellt sich automatisch auf das Körpergewicht ein, ohne dass Schalter oder Hebel zu betätigen sind.

Betreff

■ Der Betreff ist eine stichwortartige Inhaltsangabe für den folgenden Geschäftsbrief. Er steht nach zwei Leerzeilen unter den Bezugszeichen und darf durch Fettschrift und/oder Farbe hervorgehoben werden. Nach zwei weiteren Leerzeilen folgt die Anrede.

Bezugszeichenzeile

■ Die Bezugszeichenzeile des Geschäftsbriefes besteht aus Leitwörtern. Für die Leitwörter der Bezugszeichenzeile und der Kommunikationszeile dürfen Sie eine kleinere Schriftgröße wählen. Sie sollte aber mindestens 6 Punkt betragen.

■ Unter die Leitwörter setzen Sie die Bezugszeichen. Das erste Schriftzeichen schließt mit dem Anfangsbuchstaben des jeweiligen Leitwortes ab. Als Bezugszeichen werden in den meisten Fällen die Anfangsbuchstaben des Sachbearbeiters oder der Sachbearbeiterin in Kleinbuchstaben eingesetzt. Sind Zeichen von zwei Mitarbeitern einzusetzen, werden sie durch einen Mittestrich verbunden. In größeren Unternehmen werden anstelle der Zeichen die Aktenzeichen verwendet. Reicht der Platz für die Zeichen nicht aus, sind sie auf zwei Zeilen zu verteilen.

■ Die Tabstopps für die Leitwörter der Bezugszeichenzeile setzen Sie 50 mm, 100 mm und 150 mm vom linken Rand.

■ Das vierte Leitwort darf das maximale Zeilenende von 10 mm nicht überschreiten.

Beispiele für das Ausfüllen der Bezugszeichenzeile und zum Gestalten des Betreffs

Anfrage

Ihr Zeichen, Ihre Nachricht vom	Unser Zeichen, unsere Nachricht vom	Telefon, Name 0441 2534-	Datum
	dö	13 Eva Dörfler	20..-05-27

Anfrage nach Organisationsschreibtischen

Sehr geehrte Damen und Herren,

Angebot

Ihr Zeichen, Ihre Nachricht vom	Unser Zeichen, unsere Nachricht vom	Telefon, Name 0441 435-	Datum
dö 20..-05-27	grow	38	20..-06-06
		Martin Große-Westhoff	

Angebot über den Organisationsschreibtisch ORG 123, Artikelnummer 49393

Guten Tag Frau Dörfler,

Bestellung

Ihr Zeichen, Ihre Nachricht vom	Unser Zeichen, unsere Nachricht vom	Telefon, Name 0441 2534-	Datum
grow 20..-06-06	dö 20..-05-27	13 Eva Dörfler	20..-06-09

Bestellung des Organisationsschreibtische ORG 123, Artikelnummer 49393

Sehr geehrter Herr Große-Westhoff,

Gewährleistung

	50 mm	100 mm	150 mm
		Telefon, Name	
Ihr Zeichen, Ihre Nachricht vom	Unser Zeichen, unsere Nachricht vom	0441 2534-	Datum
grow 20..-06-06	dö 20..-06-09	13 Eva Dörfler	20..-06-15

Beanstandung des Organisationsschreibtische ORG 123, Artikelnummer 49393

Sehr geehrte Damen und Herren,

Briefabschluss

- In Geschäftsbriefen folgt nach dem Brieftext der Briefabschluss. Er besteht aus dem Gruß, der Firma und der maschinenschriftlichen Wiederholung der Unterschrift. Zwischen der Firma und der Angabe des Unterzeichners können Sie Zusätze aufnehmen. Nicht alle Angaben müssen Sie in einem Briefabschluss aufführen.

- Es empfiehlt sich, einen modernen Gruß (z. B. Freundliche Grüße) zu verwenden. Üblich ist auch schon die Formulierung „Freundliche Grüße aus ...". Den Gruß setzen Sie eine Leerzeile vom Text ab.

- Nach dem Gruß führen Sie in Geschäftsbriefen die Firma auf. Handelt es sich um eine längere Bezeichnung, verteilen Sie diese auf zwei Zeilen. Zwischen dem Gruß und der Firma lassen Sie eine Leerzeile. Das gilt auch für Behördenangaben.

- Damit der Empfänger sofort sieht, wer den Brief unterschrieben hat, empfiehlt es sich, den Namen des Unterzeichners zu wiederholen. Sie sollten den Vor- und Zunamen aufführen, weil der Brief dadurch persönlicher wirkt. Zwischen der Firma und der Wiederholung der Unterschrift sollten Sie mindestens drei Leerzeilen vorsehen, denn an dieser Stelle wird der Brief unterschrieben.

- Zwischen der Firma und der Angabe des Unterzeichners stehen oft Zusätze wie *i. A.* (im Auftrag), *ppa.* (per Prokura) oder *i. V.* (in Vollmacht - bei Behörden: in Vertretung).

Wünschen Sie weitere Informationen, dann rufen Sie uns an.

Freundliche Grüße aus Flensburg

TOURISTIK
INFORMATION GMBH

i. A.

Insa Hansen

- Zusätze können auch vor der Angabe des Unterzeichners in einer Zeile stehen.

729244

Sagt Ihnen unser Angebot zu? Wenn Sie nähere Informationen wünschen, sprechen Sie mit uns.

Freundliche Grüße

Papierfabrik
Sauerland GmbH

i. V. Stefan Schulte

■ Hat der Geschäftsbrief zwei Unterzeichner, steht die zweite Wiederholung der Unterschrift in derselben Zeile wie die 1. Wiederholung der Unterschrift.

Wenn Sie den Termin nicht wahrnehmen können, informieren Sie uns.

Freundliche Grüße

Ostsee-Sparkasse

i. V.   i. A.

Andreas Hermann   Beate Jensen

Brieftext

■ Den Text des Geschäftsbriefes gliedern Sie in Absätze. Zwischen den Absätzen lassen Sie jeweils eine Leerzeile. Der Beginn einer neuen Zeile nach einem Satz gilt nicht als Absatz. Geschäftsbriefe schreiben Sie mit einem einzeiligen Zeilenabstand.

E-Mail

■ Im geschäftlichen Schriftverkehr ersetzen E-Mails häufig die Geschäftsbriefe. Die äußere Form einer E-Mail sollten Sie ähnlich wie einen Geschäftsbrief gestalten. Wie in Geschäftsbriefen wählen Sie den einzeiligen Zeilenabstand. Eingabefehler müssen Sie unbedingt vermeiden. Formulierungen, die in Geschäftsbriefen üblich sind, sollten Sie auch hier verwenden. Um Nachfragen zu vermeiden, sollten Sie die Kommunikationsverbindungen immer aufführen.

■ Die Regeln für E-Mails beziehen sich nur auf die Verwendung als Geschäftsbriefe. Beim Übermitteln von E-Mails müssen die technischen Gegebenheiten des Empfängers berücksichtigt werden, insbesondere beim Nachrichtenformat, der Codierung, der Verschlüsselung, den Schriftarten und den Dateiformaten.

■ Anschrift, Verteiler und Betreff sind Zeilen eines E-Mail-Kopfes.

Die geschäftliche E-Mail

- E-Mails können Sie beispielsweise mit dem Programm Outlook erstellen und versenden. Zunächst setzen Sie die E-Mail-Adresse des Empfängers ein.

- Eine E-Mail-Adresse enthält den Namen des Empfängers, das @-Zeichen, den Provider (Anbieter oder Name des Unternehmens) und das Länderkennzeichen.

Beispiele

```
thomas.mueller@t-online.de
elke-gross@aol.com
elke-gross@winklers.de
info@westfalia.com
eva.mueller@westfalia.com
```

- Unter CC setzen Sie die Namen weiterer E-Mail-Empfänger ein.

- Ein Betreff ist in E-Mails zwingend vorgeschrieben. Sie setzen ihn in das vorgesehene Feld.

- Im Textfeld beginnen Sie mit einer Anrede. Setzen Sie eine übliche Anrede ein. Saloppe Anreden, z. B. „Hallo ...", sind nicht angebracht.

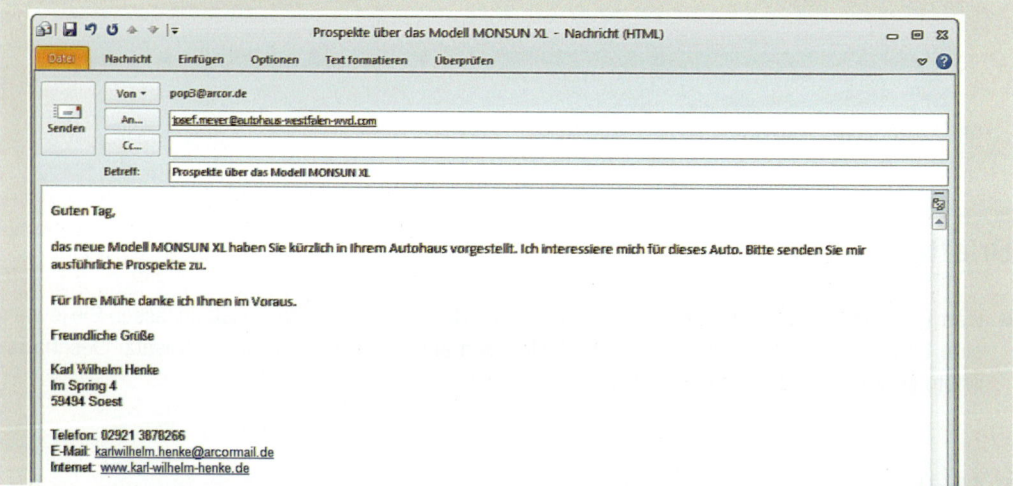

- Den Brieftext gliedern Sie – wie in Geschäftsbriefen üblich – in Absätze. Dabei sollten Sie den Sinnzusammenhang beachten. Der Text ist ohne Worttrennungen zu erfassen, weil der Umbruch durch die Software des Empfängers gesteuert wird und sich der jeweiligen Fenstergröße anpasst.

- Wie in Geschäftsbriefen endet auch die E-Mail mit einem Abschluss. Die einzelnen Teile eines solchen Abschlusses trennen Sie durch Leerzeilen voneinander. Vor und nach dem Gruß sowie der Firma lassen Sie je eine Leerzeile. Danach bleibt wiederum eine Leerzeile bis zum Namen des Bearbeiters. In Geschäftsbriefen müssen Sie auch Zusätze aufführen. Nach dem Namen des Bearbeiters führen Sie nach einer Leerzeile die Kommunikationsverbindungen auf. Dazu gehören beispielsweise Telefon, Telefax, E-Mail-Adresse und Internetadresse. Auch wenn der Empfänger die E-Mail-Adresse kennt, sollten Sie sie trotzdem aufführen, weil E-Mails oft von einem anderen Anschluss versandt werden.

729246

- Die Postanschrift, der Sitz der Gesellschaft, die Hausanschrift, der Name des Geschäftsführers, des Vorstandes, Aufsichtsrates und die Handelsregisternummer müssen aus rechtlichen Gründen aufgeführt werden.

Der Abschluss einer geschäftlichen E-Mail sollte so gestaltet werden:

```
Freundliche Grüße

Großhandlung
Hausmann & Co. GmbH

i. A. Vera Kleine

E-Mail: vera.kleine@grosshandlung-hausmann-wvd.de
Internet: www.grosshandlung-hausmann-wvd.de
Telefon: 06151 4949-12
Telefax: 06151 4949-16

Postanschrift: Postfach 45 83 19, 64293 Darmstadt
Sitz/Hausanschrift: 64293 Darmstadt
Geschäftsführer: Alexander Hausmann
Handelsregister HRB 23465 beim Amtsgericht Darmstadt
```

Fortsetzungsblätter

Die Seitennummerierung von Schriftstücken wird heute in Geschäftsbriefen und anderen Schriftstücken in der Praxis unterschiedlich vorgenommen. Die Schreibung ist oft individuell, obwohl die Fortsetzungsblätter nach den Schreib- und Gestaltungsregeln für die Textverarbeitung (DIN 5008) zu beschriften sind. In der Norm heißt es, dass die Seiten eines Briefes von der zweiten Seite an fortlaufend zu nummerieren sind.

Seitennummerierung „Seite … von …"

- Die Seitennummerierung „Seite ... von ...". sollte vorzugsweise in der Fußzeile stehen und am rechten Rand enden. Sie sollte auch auf der 1. Seite stehen. Davor bleibt mindestens eine Leerzeile. Bevorzugen Sie diese Form, entfällt ein Hinweis auf die Folgeseiten.

```
Briefkopf


Dieses Modell beeindruckt vor allem durch sein äußeres Design. Aber
auch seine Funktionalität setzt neue Maßstäbe. Überzeugen Sie sich
selbst, um sich einen persönlichen Eindruck zu verschaffen.

                                              Seite 3 von 7
```

Seitennummerierung unter dem Briefkopf

- Die Seitennummerierung folgt nach zwei Leerzeilen unter dem Briefkopf. Es empfiehlt sich, die Seitenzahl zu zentrieren (Beispiel: - 2 -). Vor und nach der Seitennummer steht ein Mitte- oder Halbgeviertstrich. Diese Form der Nummerierung dürfen Sie auch in Geschäftsbriefen anwenden.

- Zwischen der Seitenkennzeichnung und dem Text lassen Sie mindestens eine Leerzeile.

```
Briefkopf
·

·



                          - 2 -

·

Der Schreibtisch „Ökonom" stellt Ihnen die gewünschte Arbeitshöhe
durch Knopfdruck ein. Unter dem Schreibtisch befindet sich eine Kabel-
wanne. Links und rechts neben dem Schreibtisch sind Halterungen für
das Computergehäuse und den Drucker angebracht.
```

- Um auf einer Seite kenntlich zu machen, dass weitere Seiten folgen, dürfen Sie nach dem Textende nach mindestens einer Leerzeile drei Punkte setzen. Diese Punkte sollten am rechten Rand stehen.

Beispiel für den Hinweis auf Fortsetzungsblätter

```
Der Schrank verfügt über eine 25 mm große Abdeckplatte und eine inte-
grierte Sichtrückwand. Eine präzise Kugelführung ermöglicht ein pro-
blemloses Gleiten der Schubladen. Die Auszugsperre mit Selbsteinzug
verhindert ein Herausfallen der Schubladen. Weitere Einzelheiten ent-
nehmen Sie dem Prospekt.
·

                                                             · · ·
```

Hinweis auf die Folgeseite

Geschäftsbrief

Auf den folgenden Seiten finden Sie einige Beispiele für Geschäftsbriefe.

729248

Geschäftsbrief mit hochgestelltem Anschriftfeld (Form A) und Standardinformationsblock

SAM-Werke AG
Hauptniederlassung

SAM-Werke AG • Hauptniederlassung • Postfach 7 29 02 • 21902 Hamburg ← *Feld für die Rücksendeangabe*

Herrn ← *1. Zeile der Anschriftzone (4. Zeile im Anschriftfeld ohne Rücksendeangabe)*
Dipl.-Kfm. Günter Zimmer
Weltenburger Straße 23
90453 Nürnberg

Ihr Zeichen: ← *Leitwörter des Informationsblockes (100 mm vom linken Rand) 32 mm von der oberen Blattkante*
Ihre Nachricht vom:
Unser Zeichen: no
Unsere Nachricht vom:

Name: Katja Nolte
Telefon: 040 346-238
Telefax: 040 346-240
E-Mail: k.nolte@sam-wvd.com

Datum: 20..-11-27

Höchster Fahrkomfort für Sie ← *Betreff*

Vor und nach dem Betreff lassen Sie zwei Leerzeilen. Danach folgt die Anrede.

Guten Tag Herr Zimmer, ← *Anrede*

lassen Sie sich heute von den ersten exklusiven Impressionen der neuen DC-Klasse faszinieren. Mit dem **DC 240 E** stellen wir Ihnen schon vor der offiziellen Premiere am 30. März n. J. ein Fahrzeug vor, das den Begriff „Fahrerlebnis" neu definieren wird.

Die neue DC-Klasse verbindet höchsten Komfort mit Agilität und sorgt so für ein völlig neues Fahrgefühl. Die innovative Technologie stellt sich blitzschnell und präzise auf Ihr Fahrverhalten und die Verhältnisse der Straße sowie der Umwelt ein. Auch optisch setzt die neue DC-Klasse besondere Akzente:

> *Von klassisch-elegant bis betont-sportlich ist in diesem Fahrzeug alles vereint.*

Die ersten Eindrücke bekommen Sie durch unsere exklusiven Fotos. Testen Sie das neue Modell bei einer Probefahrt. Vereinbaren Sie doch einen Termin mit Ihrem Fachhändler.

Freundlich grüßen Sie ← *Gruß*

Zwischen den Bestandteilen des Briefabschlusses lassen Sie je eine Leerzeile. Sind keine Zusätze vorhanden, lassen Sie nach der Firma mindestens drei Leerzeilen.

Ihre SAM-Werke AG ← *Firma*
Hauptniederlassung

i. A. ← *Zusatz*

Katja Nolte ← *Wiederholung der Unterschrift*

Anlage *Den Anlagenvermerk setzen Sie eine Leerzeile unter die maschinenschrift-*
1 Informationsmappe *liche Angabe des Unterzeichners.*

Geschäftsangaben

Geschäftsräume	E-Mail	Internet	Stadtsparkasse Hamburg	Postbank Hamburg
Oldenburger Straße 40 - 42	info@sam-wvd.com	www.sam-wvd.de	Konto 51 345 725	Konto 4 423 156
22527 Hamburg			BLZ 205 400 525	BLZ 200 100 20

Vorsitzender des Aufsichtsrates: Dr. Georg Vogel • Vorstand: Dr. Thomas Franke • Sabine Schütz • Sitz der Gesellschaft Hamburg
Handelsregister B 45395 beim Amtsgericht Hamburg

Geschäftsbrief mit tiefgestelltem Anschriftfeld (Form B) und gestaltetem Informationsblock

Büromöbelfabrik Westfalia AG

Feld für die Rücksendeangabe

Büromöbelfabrik Westfalia AG • Postfach 13 28 77 • 44150 Dortmund

Bürosysteme
Susanne Schröder GmbH
Postfach 54 38 79
44789 Bochum

*Leitwörter des Informationsblockes
(100 mm vom linken Rand)
50 mm von der oberen Blattkante*

Für Sie zuständig:	Sabrina Thelen
Abteilung:	Verkauf
Telefon:	0231 198-251
Telefax:	0231 198-255
E-Mail:	thelen@westfalia-wvd.com
Internet:	www.westfalia-wvd.com
Datum:	20..-05-20

Neue Schreibtische für Ihr Sortiment

Sehr geehrte Damen und Herren,

Ihr Bestreben ist es, Ihren Kunden immer die neuesten Büromöbel anzubieten. Die qualitativ hochwertigen Schreibtische **„Caracas"** und **„Lima"** dürften auch bei Ihren Kunden Anklang finden.

Der Schreibtisch „Caracas" verfügt über eine stufenlose automatische Höhenverstellung zwischen 680 und 820 mm. Das Kabelführungssytem ist zwischen Boden und Tischplatte frei positionierbar. Die Monitorabschirmung und die Sichtrückwand haben eine optisch ansprechende Makroloch-Struktur. Der Preis für diesen besonderen Schreibtisch beträgt nur **629,00 €**.

Der Integralschreibtisch „Lima" ist zwischen 680 und 760 mm höhenverstellbar. Er verfügt über ein Kabelkanal-Segment mit einer Kabelführung zur horizontalen Elektrifizierung. Eine universelle Druckerhalterung befindet sich am Seitenteil. Um dem Anwender die Arbeit zu erleichtern, kann eine variable PC-Gehäusehalterung am Seitenteil angebracht werden. Dieser Komfortschreibtisch kostet nur **689,00 €**. Mehr über die neuen Schreibtische erfahren Sie in den Prospekten.

Möchten Sie Ihren Kunden diese Schreibtische anbieten? Dann zögern Sie nicht und bestellen Sie noch heute.

Freundliche Grüße

Büromöbelfabrik
Westfalia AG

i. A.

Sabrina Thelen

Anlagen
2 Prospekte

Geschäftsräume	E-Mail	Stadtsparkasse Dortmund	Postbank Dortmund
Littweg 52 - 54	info@westfalia-wvd.de	Konto 51 345 725	Konto 4 423 156
44328 Dortmund		BLZ 440 501 99	BLZ 440 100 46

Vorsitzender des Aufsichtsrates: Dr. Hermann Knapp • Vorstand: Dr. Frank Schulz, Eva Schmitz
Sitz der Gesellschaft Dortmund • Handelsregister B 2493 beim Amtsgericht Dortmund

729250

Geschäftsbrief mit tiefgestelltem Anschriftfeld (Form B) und Bezugszeichenzeile

TARBA AG

TARBA AG • Postfach 7 29 02 • 21902 Hamburg ← *Feld für die Rücksendeangabe*

50 mm von der oberen Blattkante

Büroorganisation
Evers & Mahnke GmbH
Postfach 33 44 66
44148 Dortmund

Leitwörter 80 mm von der oberen Blattkante

Bezugs-zeichenzeile →

Ihr Zeichen, Ihre Nachricht vom	Unser Zeichen, unsere Nachricht vom	Telefon, Name 040 346-	Datum
	schmi	238 Katja Schmitz	20..-07-27

Anfrage nach Registraturschränken

Guten Tag,

durch Ihre gelungene Internetpräsentation wurden wir auf Ihr Unternehmen aufmerksam. In unserem Unternehmen wollen wir verschiedene Arbeitsabläufe rationeller gestalten. Darum wollen wir auch neue Registraturschränke anschaffen.

Bitte senden Sie uns ein

Angebot über 30 Registraturschränke

als Schrankwände mit Birnbaum-Furnier. Die Schränke müssen sowohl die laterale Ablage als auch die Hängeregistratur aufnehmen können.

Informieren Sie uns über Ihre Lieferzeit und Ihre Liefer- und Zahlungsbedingungen. Gewähren Sie bei einer Abnahme von 30 Stück auch einen Mengenrabatt?

Sicher werden Sie uns ein attraktives Angebot unterbreiten.

Freundliche Grüße

TARBA AG

i. A.

Katja Schmitz

Geschäftsräume	Telefax	E-Mail	Internet	Stadtsparkasse Hamburg	Postbank Hamburg
Oldenburger Straße 35 - 37	040 346-70	info@tarba-wvd.com	www.tarba-wvd.de	Konto 51 345 725	Konto 4 423 156
22527 Hamburg				BLZ 205 400 525	BLZ 200 100 20

Vorsitzender des Aufsichtsrates: Dr. Georg Vogel • Vorstand: Dr. Thomas Franke • Sabine Schütz • Sitz der Gesellschaft Hamburg • Handelsregister B 45395 beim Amtsgericht Hamburg

Gruß

- Geschäftsbriefe enden mit dem Gruß. Oft verwenden die Unternehmen den Gruß „Mit freundlichen Grüßen". Hier zeichnet sich ein Wandel ab. Vereinfacht heißt es schon „Freundliche Grüße" oder „Freundlicher Gruß". Das „mit" in einem Gruß ist also überflüssig. Heute wird der Gruß moderner formuliert. Er kann beispielsweise lauten: „Freundliche Grüße aus ..." oder „Freundliche Grüße aus dem schönen ...-tal". Auch der Gruß „Freundlich grüßt Sie ..." dürfte den Empfänger ansprechen.

- Nach dem letzten Absatz des Briefes lassen Sie bis zum Gruß eine Leerzeile.

```
Sagt Ihnen unser Angebot zu? Dann zögern Sie nicht und bestellen Sie
noch heute.

Freundliche Grüße
```

Informationsblock: Beschriften

Die Leitwörter des Informationsblockes stehen rechts neben dem Anschriftfeld. Dabei sollten Sie diese Maße berücksichtigen:

Abstand	Hochgestelltes Anschriftfeld (Form A)	Tiefgestelltes Anschriftfeld (Form B)
1. Leitwort vom oberen Rand	32 mm	50 mm
1. Leitwort vom linken Rand	100 mm	100 mm

- Im Standardinformationsblock lassen Sie vor den Leitwörtern „Name" und „Datum" eine Leerzeile.

- Füllen Sie den Standardinformationsblock aus, lassen Sie zwischen den Leitwörtern und den Bezugszeichen einen Abstand von einem Leerzeichen. Die Leitwörter und die Bezugszeichen haben die gleiche Schriftart und Schriftgröße wie der übrige Brief.

- Verwenden Sie einen gestalteten Informationsblock, sollten Sie die Angaben – ausgehend vom längsten Wort – an einer neuen Fluchtlinie beginnen. Die Eintragungen nehmen Sie in der im Brief verwendeten Schriftart und -größe vor. Für die E-Mail-Adresse und Internetadresse dürfen Sie eine kleinere Schriftgröße verwenden, mindestens jedoch 8 Punkt.

- Die Angaben des Informationsblockes dürfen das Zeilenende von 10 mm nicht überschreiten.

- Vom letzten Leitwort des Informationsblockes bis zum Betreff lassen Sie zwei Leerzeilen.

729252

Beispiel für das Ausfüllen des Standardinformationsblockes

100 mm vom linken Rand

Ihr Zeichen: brö
Ihre Nachricht vom: 20..-05-28
Unser Zeichen: schö
Unsere Nachricht vom:

Bürofachhandel
Mahlmann & Co. GmbH
Herrn Thomas Bröder
Postfach 34 59 49
80634 München

Name: Heidi Schönbrunn
Telefon: 089 3950-112
Telefax: 089 3950-102
E-Mail: schoenbrunn@westfalia.wvd.com

Datum: 20..-05-15

Angebot über Büroschreibtische

Guten Tag Herr Bröder,

Sie wünschen …

Beispiel für das Ausfüllen des gestalteten Informationsblockes moderner Art

Ihr Ansprechpartner: Thomas Schröder
Abteilung: Verkauf

Bürofachhandel
Mahlmann & Co. GmbH
Herrn Thomas Bröder
Postfach 34 59 49
80634 München

Telefon: 089 3950-112
Telefax: 089 3950-102
E-Mail: info.@westfalia-wvd.com
Internet: www.westfalia-wvd.com

Datum: 20..-05-15

Angebot über Büroschreibtische

Guten Tag Herr Bröder,

Sie wünschen …

Privatbrief

- Der Privatbrief ist angelehnt an den Geschäftsbrief B-A4. Der Briefkopf ist in der Kopfzeile 5 cm hoch. Auch wenn in den Anwendungsbeispielen E.7 und E.8 eine Kopfzeile von 50,8 mm eingesetzt ist, gilt für die Norm der Regeltext. Auf Bild 4 – Aufbau Geschäftsbrief DIN 5008-B-A4-IB – ist die Höhe des Briefkopfes auf 50 mm festgelegt. Die Angaben dürfen auch gerundet werden.

- Zum Briefkopf gehören die Namen des Absenders, Straßenbezeichnung mit Hausnummer, Postleitzahl und Wohnort sowie die Kommunikationsverbindungen. Dazu zählen die Telefonnummer, die Telefaxnummer, die E-Mail-Adresse und die Internetverbindung.

- Nach dem Briefkopf beginnt die Anschrift in der 4. Zeile des Anschriftfeldes. Das Datum steht in der 12. Zeile unter dem Briefkopf. Nach zwei Leerzeilen folgt der Betreff. Den Betreff dürfen Sie durch Fettschrift und/oder Farbe hervorheben. Danach lassen Sie wiederum zwei Leerzeilen.

- Den Rand stellen Sie links auf 25 mm und rechts auf 20 mm.

729254

Privatbrief als Bewerbungsschreiben

Briefkopf 50 mm hoch

Nicole Fischer
Martener Hellweg 15
44379 Dortmund
Telefon: 0231 633459
E-Mail: nicole-fischer@aol.com

Unternehmensberatung
Ruhrgebiet West GmbH
Frau Anke Schreiber
Postfach 28 49 79
44148 Dortmund

20..-05-25

Bewerbung um eine Stelle als Bürokauffrau

Sehr geehrte Frau Schreiber,

Sie suchen in Ihrer Stellenanzeige im Dortmunder Tageblatt eine motivierte, zielorientierte und sach-
kundige Bürokauffrau. Dann versuchen Sie es doch mit mir. Ich bewerbe mich bei Ihnen um diese Stelle,
weil ich die geforderten Voraussetzungen erfülle.

Meine Berufsausbildung als Bürokauffrau absolvierte ich beim Handelsmarkt Rhein-Ruhr GmbH in
Bochum. Während dieser Zeit habe ich selbstständig mit der Software Office 2010 gearbeitet. In der
Berufsschule vertiefte ich die Kenntnisse mit den Programmen Word, Excel und PowerPoint und lernte
organisatorische Abläufe innerhalb von Unternehmen kennen.

Im Internet informierte ich mich über Ihr Unternehmen. Mit meiner Team- und Kommunikationsfähigkeit
werde ich in Ihrem Unternehmen eine gute Mitarbeiterin sein. Ich bin es gewohnt, meine Arbeitszeit den
betrieblichen Bedürfnissen anzupassen, um bei einem hohen Arbeitsaufkommen alle Arbeiten termin-
gerecht erledigen zu können.

Überzeugen Sie sich in einem Bewerbungsgespräch von meinem freundlichen und gewandten Auftreten.

Freundliche Grüße

7 Anlagen

Privatbrief mit Informationsblock

■ Nach dem 9-zeiligen Anschriftfeld bleiben zwei Leerzeilen bis zum Betreff. Sind im Anschriftfeld weniger Zeilen vorhanden, gehen Sie trotzdem von einem 9-zeiligen Anschriftfeld aus.

Briefkopf Höhe 50 mm

Stefanie Heinze
Herthaplatz 45
13156 Berlin

100 mm vom linken Rand
Ihr Zeichen: da
Ihre Nachricht vom: 20..-09-28

Büromöbelfabrik
Westerwald AG
Postfach 35 28 67
60530 Frankfurt

Telefon: 030 534593
Telefax: 030 534594
E-Mail: stefanie.heinze@aol-wvd.de

Datum: 20..-10-15

Beanstandung des Integralschreibtisches „Ökonom"

Sehr geehrte Damen und Herren,

am 10. Oktober d. J. lieferten Sie mir den Integralschreibtisch, Marke „Ökonom".

Als ich den Schreibtisch auf seinen einwandfreien Zustand prüfte, stellte ich an der rechten Seite einen 10 cm großen Kratzer fest. Ich bin bereit, den Schreibtisch zu behalten, wenn Sie mir einen **Preisnachlass von 25 %** einräumen.

Was halten Sie von meinem Vorschlag?

Freundliche Grüße

Teilbetreff

■ Der Teilbetreff ist eine stichwortartige Inhaltsangabe für folgende Briefteile. Er wird durch Fettschrift und/oder Farbe hervorgehoben. Danach folgt ein Punkt. Folgende Textteile schließen Sie unmittelbar an.

Körtling & Co. GmbH. Gestern besuchte ich das Unternehmen, um Interesse für unsere neuen Produkte zu wecken. Leider war der zuständige Mitarbeiter nicht anzutreffen.

Büro der Zukunft. Dieses Unternehmen möchte Computertische neu in das Sortiment aufnehmen. Übersenden Sie bitte eine ausführliche Informationsmappe.

Verteilvermerk

■ Damit der Empfänger weiß, wer einen weiteren Ausdruck oder eine Kopie des Schreibens erhalten hat, führen Sie weitere Empfänger in einem Verteilvermerk unter dem Wort „Verteiler" auf. Das Wort „Verteiler" dürfen Sie durch Fettschrift hervorheben.

■ Die Regeln des Anlagenvermerkes gelten auch für den Verteilvermerk.

```
Sind Sie mit unserem Vorschlag einverstanden?

Freundliche Grüße

Eisenwarenhandlung
Krause & Co. OHG

i. A.

Bettina Schulz

Verteiler
Rechnungsabteilung
```

■ Treffen Anlagen- und Verteilvermerk zusammen, schreiben Sie den Anlagenvermerk zuerst. Zwischen beiden Vermerken lassen Sie eine Leerzeile.

```
Wann werden Sie uns besuchen?

Freundliche Grüße

Maschinenfabrik
Neumann & Schnieders KG

ppa.

Claudia Fisch

1 Anlage

Verteiler
Frau Dr. Müller
Herrn Engelbracht
Einkaufsabteilung
```

- Reicht der Platz für den Anlagenvermerk oder den Verteilvermerk nicht aus, stehen die Vermerke in Höhe des Grußes – 100 mm vom linken Rand.

```
Sagt Ihnen unser Angebot zu?
                                    100 mm vom linken Rand
Freundliche Grüße                   Anlagen
                                    1 Prospekt
Büromöbelfabrik                     1 Zeichnung
Westfalia AG

                                    Verteiler
i. A.                               Vorstand


Verena Hartmann
```

Vorlagen für Geschäftsbriefe

- Die neue Norm DIN 5008 ist die erste Norm, die dem Wunsch vieler Anwender entsprach, DIN 676 in die Schreib- und Gestaltungsregeln für die Textverarbeitung zu integrieren.

- Anstelle der bisherigen Normbezeichnungen „Vordruck Form A" oder „Vordruck Form B" werden jetzt diese Bezeichnungen verwendet:

Vorlage Form A – A4-Info	Vorlage Form B – A4-Info	Vorlage Form A4 A4-Bezug

Bei den Vorlagen müssen Sie zwei Formen unterscheiden:

- hochgestelltes Anschriftfeld (Form A)
- tiefgestelltes Anschriftfeld (Form B)

Vorlagen mit Informationsblock

Beim Informationsblock gibt es zwei Formen:

- den Standardinformationsblock (wie bisher)
- den gestalteten Informationsblock.

Kombinationen von Vorlagen

- Die Bilder der Norm zeigen die Vorlage Form A A4-Info mit dem hochgestellten Anschriftfeld und dem Standardinformationsblock und die Vorlage Form B A4-Info mit dem tiefgestellten Anschriftfeld und dem gestalteten Informationsblock. Es ist möglich, den gestalteten Informationsblock auch für die Vorlage mit hochgestelltem Anschriftfeld Form A4 A-Info zu verwenden. Umgekehrt ist es auch möglich, die Vorlage mit dem Standardinformationsblock in Form der Vorlage Form B-Info zu gestalten.

- Als Vorlage mit einer Bezugszeichenzeile können Sie natürlich auch beide Formen – mit hochgestelltem Anschriftfeld (Form A-A4 Bezug) und mit tiefgestelltem Anschriftfeld (Form B-A4 Bezug) – verwenden.

729258

Die Vorlage für einen Geschäftsbrief enthält einen Briefkopf, das Feld für die Rücksendeangabe, das Feld für die Anschrift des Empfängers, Leitwörter für Kommunikationsangaben und die Geschäftsangaben.

Briefkopf. Der Absender hat die Möglichkeit, den Briefkopf nach seinen Bedürfnissen zu gestalten und ein Logo zu verwenden. Die gesamte Breite des Blattes A4 kann dabei genutzt werden. Der Briefkopf mit hochgestelltem Anschriftfeld (Form A) ist 27 mm hoch. Beim tiefgestellten Anschriftfeld (Form B) beträgt die Höhe 45 mm.

Feld für die Rücksendeangabe. Das Feld für die Rücksendeangabe (Postanschrift des Absenders) steht unter dem Briefkopf. Es ist 5 mm hoch. Um Fensterbriefhüllen nutzen zu können, ist die Position für die Anschrift des Absenders über der Anschrift des Empfängers festgelegt. Dieses Feld beginnt 20 mm von der linken Blattkante und ist 5 x 85 mm groß. Als Mindestgröße ist eine 6-Punkt-Schrift vorgegeben. Empfohlen wird eine Schriftgröße von 8 Punkt und eine einzeilige Aufteilung.

Obwohl in den Anwendungsbeispielen der Norm für die Geschäftsbriefe die Rücksendeangabe nicht durch eine Linie vom Feld für die Anschrift des Empfängers getrennt ist, darf eine waagerechte Linie beide Teile der Briefvorlage trennen.

Feld für die Anschrift des Empfängers. Das Feld für die Anschrift des Empfängers ist 40 mm x 85 mm groß. Das Anschriftfeld mit integrierter Rücksendeangabe hat eine Größe von 45 mm x 85 mm.

Kommunikationsangaben. Zur Anordnung der Kommunikationsangaben gibt es drei Möglichkeiten:

*   Standardinformationsblock
*   gestalteter Informationsblock moderner Art
*   Bezugszeichenzeile mit Leitwörtern
*   Kommunikationszeile

Geschäftsangaben. In den Geschäftsangaben am Fuße des Vordrucks sind beispielsweise aufzuführen: Die Geschäftsräume, alle Kommunikationsverbindungen mit den Nummern der Hauptanschlüsse, sofern sie nicht an anderer Stelle aufgeführt sind, die Bankverbindungen und die gesellschaftsrechtlichen Angaben bei Kapitalgesellschaften. Zu den Kommunikationsangaben gehören auch die E-Mail- und die Internetadresse.

Verwenden Sie die Geschäftsbriefblätter auch für Rechnungen, müssen Sie nach steuerrechtlichen Bestimmungen auch die Steuer-Nr. und die USt-IdNr. aufführen.

Gesellschaftsrechtliche Angaben bei Kapitalgesellschaften. Im Fuß des Vordrucks müssen Sie die Firma aufführen. Sie muss mit dem Wortlaut der Handelsregistereintragung übereinstimmen. Weiterhin sind diese Angaben erforderlich:

*   Die Rechtsform und der Sitz der Gesellschaft
*   das Registergericht des Sitzes der Gesellschaft und die Handelsregisternummer
*   der Familienname und mindestens ein ausgeschriebener Vorname des Vorsitzenden des Aufsichtsrates, sofern die Gesellschaft einen Aufsichtsrat gebildet hat,
*   die Namen des Vorsitzenden und aller Mitglieder des Vorstandes bei Aktiengesellschaften und die Namen aller Geschäftsführer bei Gesellschaften mit beschränkter Haftung

Vorlage Form A – A4-Info (mit Standardinformationsblock)

Angaben in mm

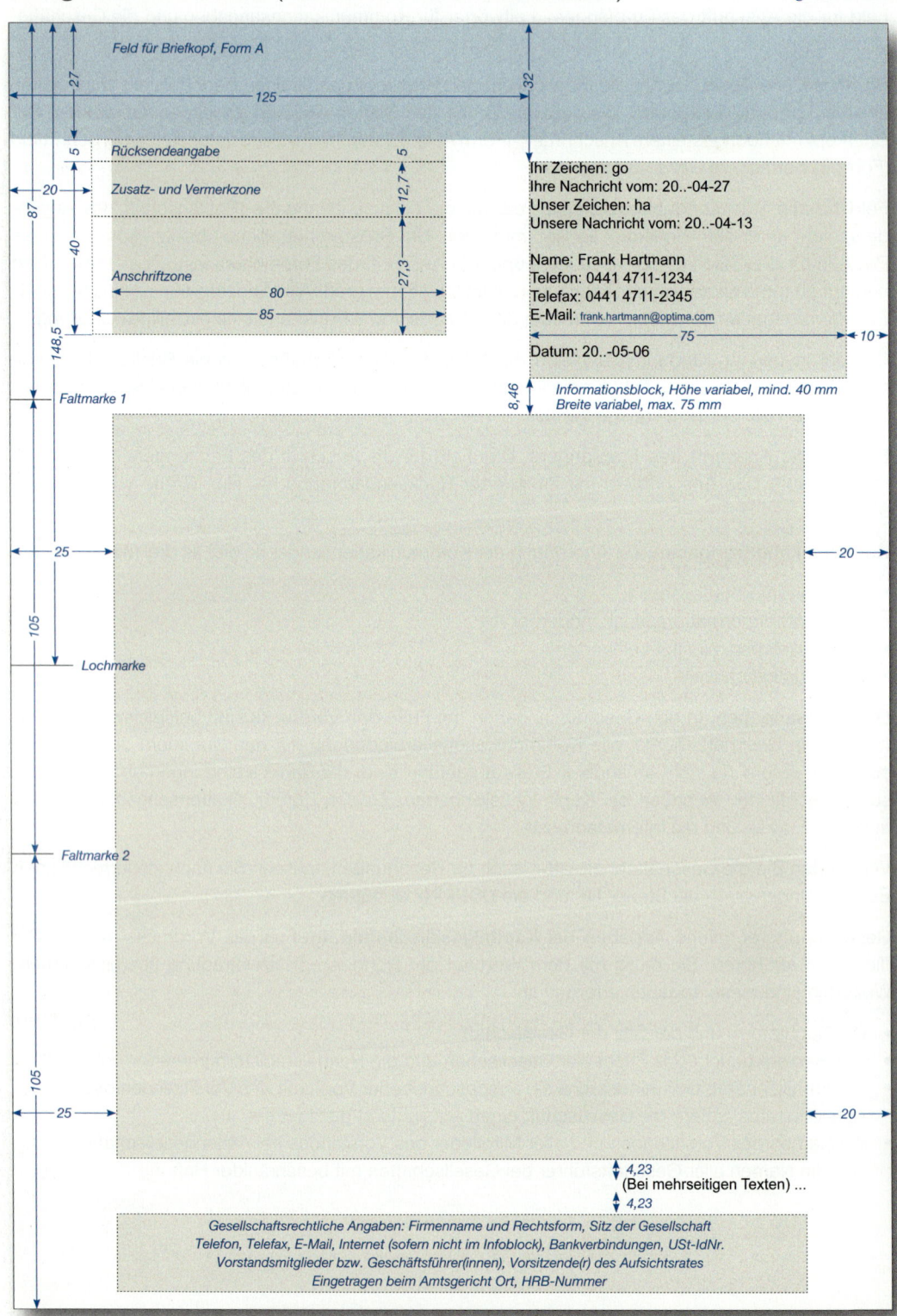

Feld für Briefkopf, Form A

27

125

32

Rücksendeangabe

5

5

20

Zusatz- und Vermerkzone

12,7

87

40

148,5

Anschriftzone

27,3

80

85

Ihr Zeichen: go
Ihre Nachricht vom: 20..-04-27
Unser Zeichen: ha
Unsere Nachricht vom: 20..-04-13

Name: Frank Hartmann
Telefon: 0441 4711-1234
Telefax: 0441 4711-2345
E-Mail: frank.hartmann@optima.com
Datum: 20..-05-06

75

10

8,46

Informationsblock, Höhe variabel, mind. 40 mm
Breite variabel, max. 75 mm

Faltmarke 1

25

20

105

Lochmarke

Faltmarke 2

25

20

105

4,23
(Bei mehrseitigen Texten) ...
4,23

Gesellschaftsrechtliche Angaben: Firmenname und Rechtsform, Sitz der Gesellschaft
Telefon, Telefax, E-Mail, Internet (sofern nicht im Infoblock), Bankverbindungen, USt-IdNr.
Vorstandsmitglieder bzw. Geschäftsführer(innen), Vorsitzende(r) des Aufsichtsrates
Eingetragen beim Amtsgericht Ort, HRB-Nummer

Vorlage Form A – A4-Info mit Standardinformationsblock und Feld für die Rücksendeangabe mit den Maßen

Briefkopf 27 mm hoch

Euro-Computer AG

Feld für die Rücksendeangabe 5 mm hoch

Zusatz- und Vermerkzone

Anschriftzone

Höhe des gesamten Anschriftenfeldes: 40 mm
Breite des Anschriftenfeldes: 85 mm

Beginn Informationsblock 100 mm vom linken Rand
32 mm von der oberen Blattkante

Ihr Zeichen:
Ihre Nachricht vom:
Unser Zeichen:
Unsere Nachricht vom:

Name:
Telefon:
Telefax:
E-Mail:

Datum:

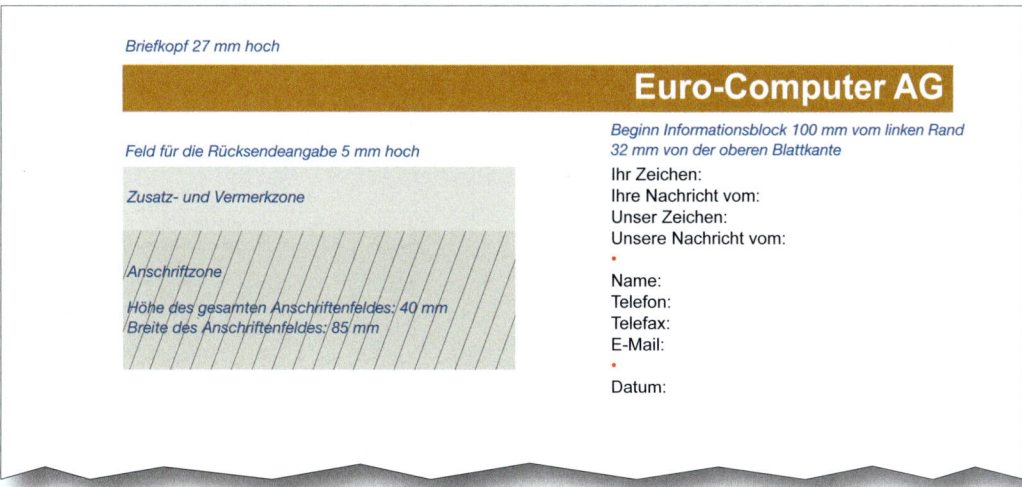

Vorlage mit einem hochgestellten Anschriftfeld (Form A) und einem Standardinformationsblock

Briefkopf

Moderne Bürowelt AG

Feld für die Rücksendeangabe

Moderne Bürowelt AG · Postfach 33 44 66 · 44148 Dortmund

Zusatz- und Vermerkzone

Anschriftzone

Ihr Zeichen:
Ihre Nachricht vom:
Unser Zeichen:
Unsere Nachricht vom:

Name:
Telefon:
Telefax:
E-Mail:

Datum:

20 mm von der linken Blattkante sollten auf dem Heftrand zwei Faltmarken und eine Lochmarke angebracht sein.

Geschäftsangaben

Geschäftsräume Littweg 52 - 54 44328 Dortmund	Telefax 0231 435-120	E-Mail info@buerowelt-wvd.de	Internet www.buerowelt-wvd.de	Stadtsparkasse Dortmund Konto 51 345 725 BLZ 440 501 99	Postbank Dortmund Konto 4 423 156 BLZ 440 100 46

Vorsitzender des Aufsichtsrates: Dr. Hermann Knapp • Vorstand: Dr. Frank Schulz, Eva Schmitz
Sitz der Gesellschaft Dortmund • Handelsregister B 2493 beim Amtsgericht Dortmund

Vorlage Form B – A4-Info (gestalteter Informationsblock moderner Art) *Angaben in mm*

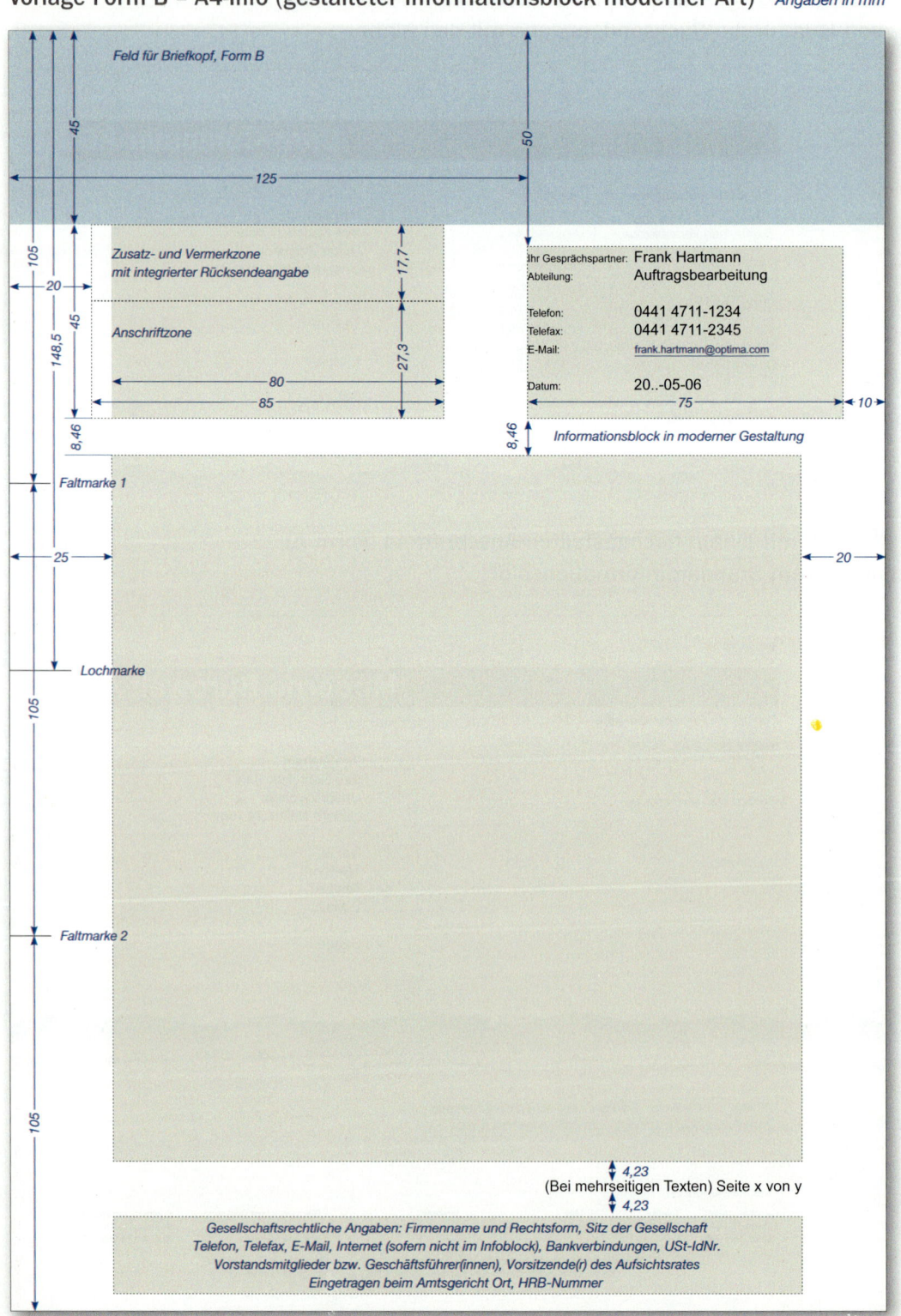

Feld für Briefkopf, Form B

45

50

125

105

20

45

148,5

Zusatz- und Vermerkzone
mit integrierter Rücksendeangabe

17,7

Anschriftzone

27,3

80

85

8,46

Ihr Gesprächspartner: **Frank Hartmann**
Abteilung: **Auftragsbearbeitung**

Telefon: **0441 4711-1234**
Telefax: **0441 4711-2345**
E-Mail: frank.hartmann@optima.com

Datum: **20..-05-06**

75

10

8,46

Informationsblock in moderner Gestaltung

Faltmarke 1

25

20

Lochmarke

105

Faltmarke 2

105

4,23
(Bei mehrseitigen Texten) Seite x von y
4,23

Gesellschaftsrechtliche Angaben: Firmenname und Rechtsform, Sitz der Gesellschaft
Telefon, Telefax, E-Mail, Internet (sofern nicht im Infoblock), Bankverbindungen, USt-IdNr.
Vorstandsmitglieder bzw. Geschäftsführer(innen), Vorsitzende(r) des Aufsichtsrates
Eingetragen beim Amtsgericht Ort, HRB-Nummer

729262

Vorlage Form B – A4-Info mit gestaltetem Informationsblock und Feld für die Rücksendeangabe mit den Maßen

Briefkopf 45 mm hoch

Euro-Computer AG

Beginn Informationsblock
100 mm vom linken Rand
50 mm von der oberen Blattkante

Feld für die Rücksendeangabe 5 mm hoch

Zusatz- und Vermerkzone

Anschriftzone

Höhe des gesamten Anschriftenfeldes: 40 mm
Breite des Anschriftenfeldes: 85 mm

Ansprechpartner:
Abteilung:

Telefon:
Telefax:
E-Mail:
Internet:

Datum:

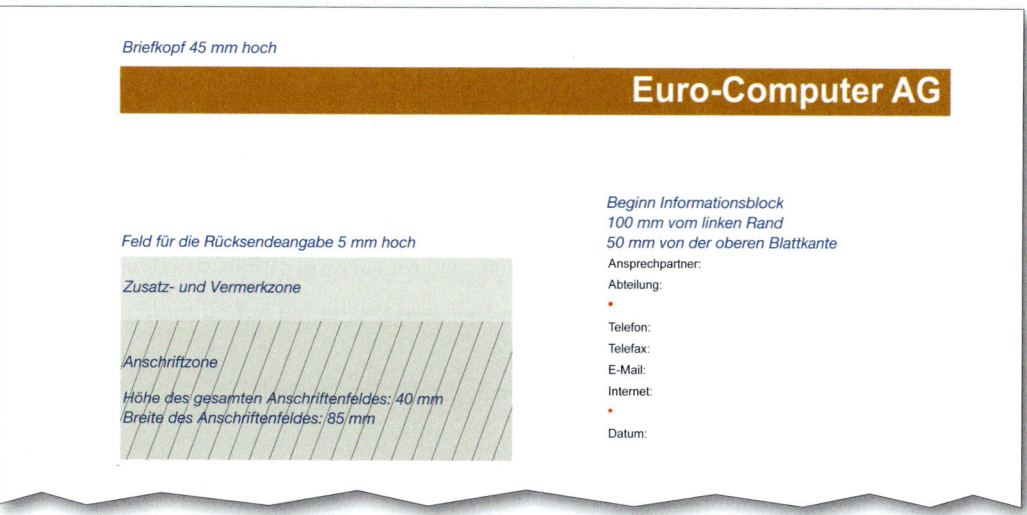

- Für die Leitwörter des gestalteten Informationsblockes verwenden Sie eine kleinere Schriftgröße. Leitwörter dürfen Sie bei dieser Form des Informationsblockes ergänzen, weglassen oder verändern. Die Angaben gruppieren Sie durch Leerzeilen.

Vorlage mit einem hochgestellten Anschriftfeld (Form B) und einem gestalteten Informationsblock mit Rücksendeangabe

Briefkopf

Moderne Bürowelt AG

Zusatz- und Vermerkzone
mit integrierter Rücksendeangabe

Anschriftzone

Ansprechpartner:
Abteilung:

Telefon:
Telefax:
E-Mail:
Internet:

Datum:

20 mm von der linken Blattkante sollten auf dem Heftrand zwei Faltmarken und eine Lochmarke angebracht sein.

Geschäftsangaben

Geschäftsräume	Telefax	E-Mail	Internet	Stadtsparkasse Dortmund	Postbank Dortmund
Littweg 52 - 54 44328 Dortmund	0231 435-120	info@buerowelt-wvd.de	www.buerowelt-wvd.de	Konto 51 345 725 BLZ 440 501 99	Konto 4 423 156 BLZ 440 100 46

Vorsitzender des Aufsichtsrates: Dr. Hermann Knapp • Vorstand: Dr. Frank Schulz, Eva Schmitz
Sitz der Gesellschaft Dortmund • Handelsregister B 2493 beim Amtsgericht Dortmund

Vorlage mit Bezugszeichenzeile

■ Die Bezugszeichenzeile des Geschäftsbriefes besteht aus Leitwörtern. Für die Leitwörter in der Bezugszeichenzeile und die Kommunikationszeile dürfen Sie eine kleinere Schriftgröße wählen. Sie sollte aber mindestens 6 Punkt betragen.

■ Unter die Leitwörter setzen Sie die Bezugszeichen. Das erste Schriftzeichen schließt mit dem Anfangsbuchstaben des jeweiligen Leitwortes ab. Als Bezugszeichen werden in den meisten Fällen die Anfangsbuchstaben des Sachbearbeiters oder der Sachbearbeiterin in Kleinbuchstaben eingesetzt. Sind Zeichen von zwei Mitarbeitern einzusetzen, werden sie durch einen Mittestrich verbunden. In größeren Unternehmen werden anstelle der Zeichen die Aktenzeichen verwendet. Reicht der Platz für die Zeichen nicht aus, sind sie auf zwei Zeilen zu verteilen.

■ Die Tabstopps für die Leitwörter der Bezugszeichenzeile setzen Sie auf 50 mm, 100 mm und 150 mm.

■ Das vierte Leitwort darf das Zeilenende von 10 mm nicht überschreiten.

Vorlage Form A A4-Bezug

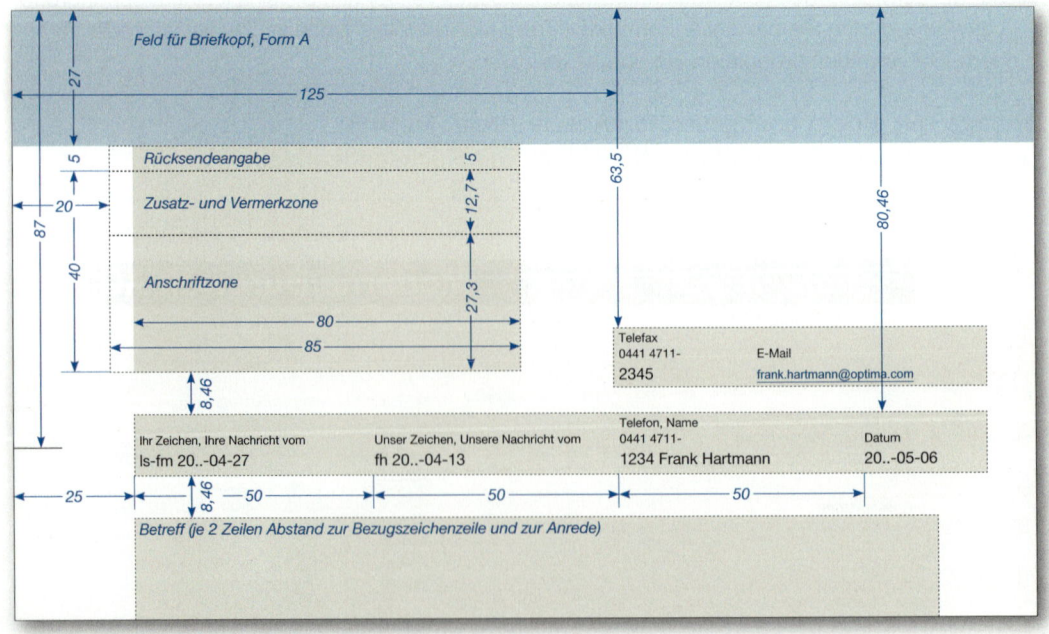

729264

Vorlage Form A – A4-Bezug

Briefkopf

Moderne Bürowelt AG

Feld für die Rücksendeangabe

Moderne Bürowelt AG · Postfach 33 44 66 · 44148 Dortmund

Zusatz- und Vermerkzone

Anschriftzone

Leitwörter der Bezugszeichenzeile	*50 mm*	*100 mm*	*150 mm*
		Telefon, Name	
Ihr Zeichen, Ihre Nachricht vom	Unser Zeichen, Unsere Nachricht vom	0231 435-	Datum

20 mm von der linken Blattkante sollten auf dem Heftrand zwei Faltmarken und eine Lochmarke angebracht sein.

Geschäftsangaben

Geschäftsräume	Telefax	E-Mail	Internet	Stadtsparkasse Dortmund	Postbank Dortmund
Littweg 52 - 54	0231 435-120	info@buerowelt-wvd.de	www.buerowelt-wvd.de	Konto 51 345 725	Konto 4 423 156
44328 Dortmund				BLZ 440 501 99	BLZ 440 100 46

Vorsitzender des Aufsichtsrates: Dr. Hermann Knapp • Vorstand: Dr. Frank Schulz, Eva Schmitz
Sitz der Gesellschaft Dortmund • Handelsregister B 2493 beim Amtsgericht Dortmund

Vorlage mit Kommunikationszeile

- ■ In Briefköpfen mit einer Bezugszeichenzeile dürfen Sie auch rechts neben das Anschriftfeld eine Kommunikationszeile aufführen. In erster Linie kommen hierfür „Telefax" und „E-Mail" in Frage.

- ■ Die Leitwörter der Kommunikationszeile beginnen 100 mm vom linken Rand. Das entspricht dem 3. Leitwort der Bezugszeichenzeile. Die einzusetzenden Angaben sollten mit der letzten Zeile des Anschriftfeldes abschließen. Sie haben die gleiche Schriftart und -größe wie der übrige Brief.

- ■ Das maximale Zeilenende von 10 mm darf für die Kommunikationszeile nicht überschritten werden.

Vorlage Form A – A4-Bezug mit Kommunikationszeile

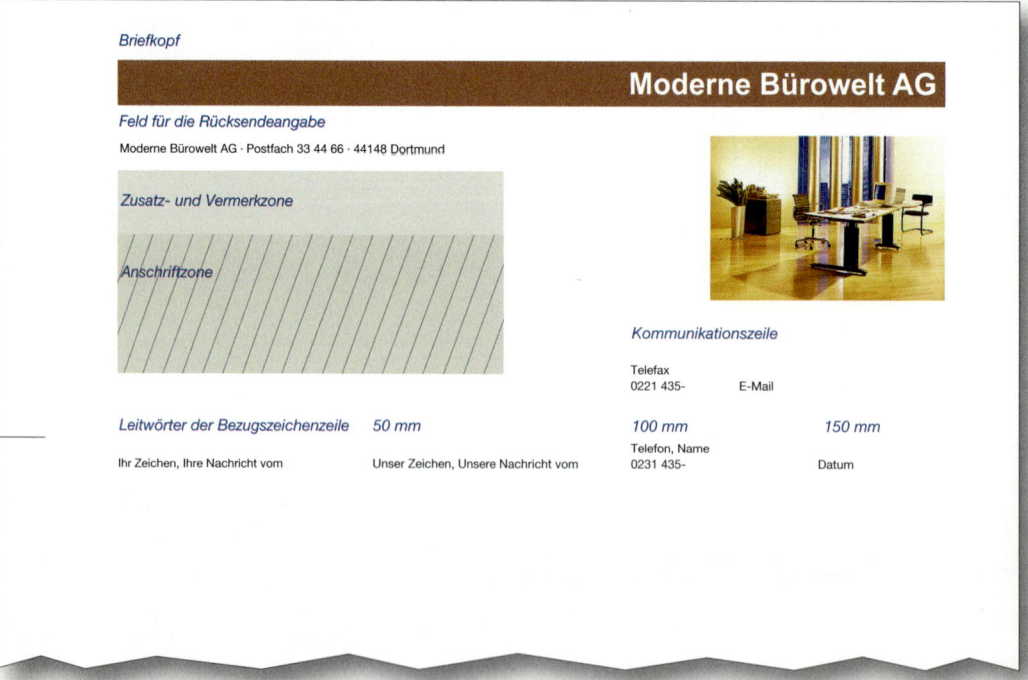

Briefkopf

Moderne Bürowelt AG

Feld für die Rücksendeangabe

Moderne Bürowelt AG · Postfach 33 44 66 · 44148 Dortmund

Zusatz- und Vermerkzone

Anschriftzone

Kommunikationszeile

Telefax
0221 435-   E-Mail

Leitwörter der Bezugszeichenzeile   50 mm

100 mm   *150 mm*

Telefon, Name

Ihr Zeichen, Ihre Nachricht vom   Unser Zeichen, Unsere Nachricht vom   0231 435-   Datum

20 mm von der linken Blattkante sollten auf dem Heftrand
zwei Faltmarken und eine Lochmarke angebracht sein.

Geschäftsangaben

Geschäftsräume	Telefax	E-Mail	Internet	Stadtsparkasse Dortmund	Postbank Dortmund
Littweg 52 - 54	0231 435-120	info@buerowelt-wvd.de	www.buerowelt-wvd.de	Konto 51 345 725	Konto 4 423 156
44328 Dortmund				BLZ 440 501 99	BLZ 440 100 46

Vorsitzender des Aufsichtsrates: Dr. Hermann Knapp • Vorstand: Dr. Frank Schulz, Eva Schmitz
Sitz der Gesellschaft Dortmund • Handelsregister B 2493 beim Amtsgericht Dortmund

729266

Werbliche Elemente

■ Werbliche Elemente, z. B. „PS:" oder „Übrigens:" führen Sie nach mindestens einer Leerzeile unter dem Ende des Geschäftsbriefes auf.

```
Freundliche Grüße


Großhandlung
Fischer & Schmidt KG


ppa.


Sven Ahlers


1 Anlage

```
Übrigens: Wegen der großen Nachfrage können Lieferverzögerungen
            eintreten.

```
Freundliche Grüße


Computerservice
Biermann OHG




Günter Biermann

```
PS: Sie sparen Kosten, wenn Sie mit uns einen Servicevertrag
     abschließen.

Zeilenanfang und Zeilenenden

■ Der Text beginnt 25 mm von der linken Blattkante und endet maximal 10 mm vor der rechten Blattkante. Die Norm empfiehlt in Geschäftsbriefen ein Zeilenende von 20 mm vom rechten Rand. Das maximale Zeilenende beträgt 10 mm. Die genauen Maße für den Zeilenanfang und das Zeilenende ergeben sich aus der Tabelle.

■ Für die Kommunikationszeile, den Informationsblock, das vierte Leitwort der Bezugszeichenzeile, Anlagen- und Verteilvermerke sowie die Einrückung ist ein maximales Zeilenende von 10 mm festgelegt.

■ Die Werte aus der alten Norm (Mai 2005) dürfen übergangsweise verwendet werden.

Millimeterangaben für Zeilenanfang und Zeilenende

Benennung	Zeilenanfang für alle Schriftarten		Maximales Zeilenende für alle Schriftarten		
	von der linken Blattkante	vom linken Rand	von der linken Blattkante	vom linken Rand	von der rechten Blattkante
Rücksendeangabe	25	0	105	80	105
Zusätze und Vermerke	25	0	105	80	105
Empfängeranschrift	25	0	105	80	105
Kommunikationszeile bzw. Informationsblock	125	100	200	175	10
Bezugszeichenzeile					
Erstes Leitwort	25	0			
Zweites Leitwort	75	50			
Drittes Leitwort	125	100			
Viertes Leitwort	175	150	200	175	10
Betreff, Anrede, Text	25	0	200	175	10
Gruß und/oder Firmenbezeichnung	25	0			
Anlagen- und Verteilvermerke	25 oder 125	0 oder 100	200	175	10
Einrückung	50	25	200	175	10

Millimeterangaben für Zeilenpositionen von der oberen Blattkante

Benennung	Briefblatt Form A		Briefblatt Form B	
	Zeilenanfang für alle Schriftarten in mm von der oberen Blattkante	Zeilenanfang von der oberen Blatt-kante auf Zeile	Zeilenanfang für alle Schriftarten in mm von der oberen Blattkante	Zeilenanfang von der oberen Blatt-kante auf Zeile
Rücksendeangabe	27,0 (29,6)	8	45,0 (46,5)	12
Erste Zeile Zusatz- und Vermerkzone	33,9	9	50,8	13
Unterste Zeile Zusatz- und Vermerk-zone (Schreibbeginn)	42,3	11	59,2	15
Erste Zeile Anschriftzone	46,6	12	63,5	16
Erste Zeile des Informationsblocks	33,9	9	50,8	13
Leitwörter Bezugszeichenzeile	80,4	20	97,4	24
Text Bezugszeichenzeile	84,7	21	101,6	25
Betreff (bei einer vorausgehenden Bezugszeichenzeile)	97,4	24	114,3	28

729268

Erläuterungen zu den Zeilenpositionen

- Die Zeilenhöhe für den einfachen Zeilenabstand beträgt 4,23 mm. Das entspricht der Einstellung 12 Punkt. **Bei Vorlagen dürfen die Millimeterangaben gerundet werden.**

- Die Zeilenangaben sind nur für Privatbriefe ohne Vorlagennutzung gedacht.

- Das Feld für die Rücksendeangabe beginnt nach dem Briefkopf Form A 27 mm von der oberen Blattkante. Die Schriftgröße ist in diesem Feld in der Regel verkleinert. Die Werte in Klammern zeigen die Angaben beim durchgehenden Schreiben mit einer festen Zeilenhöhe von 12 Punkt.

- Werden die Felder für die postalische Rücksendeangabe und die Zusätze und Vermerke zu einer Zone zusammengefasst, gelten für die erste Zeile die Werte für die Rücksendeangabe.

729272